地球大数据科学论丛　　郭华东　总主编

海洋时空过程数据模型

薛存金　苏奋振 等　著

科学出版社

北　京

内 容 简 介

本书面向海洋时空动态表达与分析问题，首先系统地归纳目前地理时空数据模型的优势及在时空动态方面的不足，阐述地理时空数据模型的发展趋势；其次，全面分析海洋动态演变对时空建模的需求，提出面向过程的海洋时空建模思想，阐述海洋时空过程建模的基本问题；再次，以演变尺度为基本单元，阐述海洋时空过程建模理论与方法，包括海洋时空过程语义、海洋时空过程对象模型、海洋时空过程图模型；最后，本书以图数据库建立海洋时空过程数据模型原型系统，展示海洋时空过程数据模型在地理时空动态表达与存储方面的优势和应用潜力。

本书内容丰富，讨论详细、全面，可供海洋、气象、地理、遥感、地理信息系统、人工智能等学科领域的科研人员参考使用，也可为高等院校相关专业的教学和研究提供参考。

审图号：GS 京（2024）0143 号

图书在版编目（CIP）数据

海洋时空过程数据模型/薛存金等著. —北京：科学出版社，2024.3
（地球大数据科学论丛 / 郭华东总主编）
ISBN 978-7-03-078087-4

Ⅰ. ①海… Ⅱ. ①薛… Ⅲ. ①海洋地理学–数据模型 Ⅳ. ①P72

中国国家版本馆 CIP 数据核字（2024）第 040427 号

责任编辑：董 墨 赵 晶/责任校对：郝甜甜
责任印制：赵 博/封面设计：蓝正设计

科 学 出 版 社 出版
北京东黄城根北街 16 号
邮政编码：100717
http://www.sciencep.com
北京建宏印刷有限公司印刷
科学出版社发行 各地新华书店经销
*

2024 年 3 月第 一 版 开本：720×1000 1/16
2024 年 8 月第二次印刷 印张：11 3/4

字数：226 000

定价：158.00 元
（如有印装质量问题，我社负责调换）

"地球大数据科学论丛"序

第二次工业革命的爆发，导致以文字为载体的数据量约每 10 年翻一番；从工业化时代进入信息化时代，数据量每 3 年翻一番。近年来，新一轮信息技术革命与人类社会活动交汇融合，半结构化、非结构化数据大量涌现，数据的产生已不受时间和空间的限制，引发了数据爆炸式增长，数据类型繁多且复杂，已经超越了传统数据管理系统和处理模式的能力范围，人类正在开启大数据时代新航程。

当前，大数据已成为知识经济时代的战略高地，是国家和全球的新型战略资源。作为大数据重要组成部分的地球大数据，正成为地球科学一个新的领域前沿。地球大数据是基于对地观测数据又不唯对地观测数据的、具有空间属性的地球科学领域的大数据，主要产生于具有空间属性的大型科学实验装置、探测设备、传感器、社会经济观测及计算机模拟过程中，其一方面具有海量、多源、异构、多时相、多尺度、非平稳等大数据的一般性质，另一方面具有很强的时空关联和物理关联，具有数据生成方法和来源的可控性。

地球大数据科学是自然科学、社会科学和工程学交叉融合的产物，基于地球大数据分析来系统研究地球系统的关联和耦合，即综合应用大数据、人工智能和云计算，将地球作为一个整体进行观测和研究，理解地球自然系统与人类社会系统间复杂的交互作用和发展演进过程，可为实现联合国可持续发展目标(SDGs)做出重要贡献。

中国科学院充分认识到地球大数据的重要性，2018 年初设立了 A 类战略性先导科技专项"地球大数据科学工程"(CASEarth)，系统开展地球大数据理论、技术与应用研究。CASEarth 旨在促进和加速从单纯的地球数据系统和数据共享到数字地球数据集成系统的转变，促进全球范围内的数据、知识和经验分享，为科学发现、决策支持、知识传播提供支撑，为全球跨领域、跨学科协作提供解决方案。

在资源日益短缺、环境不断恶化的背景下，人口、资源、环境和经济发展的矛盾凸显，可持续发展已经成为世界各国和联合国的共识。要实施可持续发展战略，保障人口、社会、资源、环境、经济的持续健康发展，可持续发展的能力建设至关重要。必须认识到这是一个地球空间、社会空间和知识空间的巨型复杂系统，亟须战略体系、新型机制、理论方法支撑来调查、分析、评估和决策。

一门独立的学科，必须能够开展深层次的、系统性的、能解决现实问题的探究，以及在此探究过程中形成系统的知识体系。地球大数据就是以数字化手段连接地球空间、社会空间和知识空间，构建一个数字化的信息框架，以复杂系统的思维方式，综合利用泛在感知、新一代空间信息基础设施技术、高性能计算、数据挖掘与人工智能、可视化与虚拟现实、数字孪生、区块链等技术方法，解决地球可持续发展问题。

"地球大数据科学论丛"是国内外首套系统总结地球大数据的专业论丛，将从理论研究、方法分析、技术探索以及应用实践等方面全面阐述地球大数据的研究进展。

地球大数据科学是一门年轻的学科，其发展未有穷期。感谢广大读者和学者对本论丛的关注，欢迎大家对本论丛提出批评与建议，携手建设在地球科学、空间科学和信息科学基础上发展起来的前沿交叉学科——地球大数据科学。让大数据之光照亮世界，让地球科学服务于人类可持续发展。

郭华东

中国科学院院士

地球大数据科学工程专项负责人

2020 年 12 月

前 言

　　海洋数据模型是海洋空间信息科学的基石，支撑着海洋数据挖掘与分析。海洋立体监测技术和综合对地观测技术的发展，提升了获取海洋时空动态数据的能力，促使海洋科学问题研究从现状(静态)向趋势预测(动态)拓展，迫切需要新的海洋时空数据模型支撑海洋时空动态研究。

　　海洋数据模型由地理数据模型演变而来，在海洋时空动态表达方面，经历了时刻状态模型(场、对象、特征)、事件模型和过程模型。基于海洋场、对象和特征的海洋数据模型的核心思想是在空间维上扩展时间维，采用"快照"状态的海洋场、对象或特征进行时空表达。把时间抽象为空间的属性，致使连续的动态现象被独立为时间戳的离散对象，割裂了动态变化的内在联系性。有研究基于事件时空模型，以离散事件作为表达载体，将事件序列构成完整的时空视图，这些研究在离散状态变化的土地利用变迁、地籍变更、城市交通等领域取得了重要进展，但缺少对连续动态演变关系进行描述与刻画的能力。以过程为核心的时空建模理论，尝试在时空语义和表达框架体系中纳入地理实体演变机制，如实体演变序列、时间序列、事件序列、地理时空单位、区域动态、时空过程等，为开展海洋时空动态研究奠定了基础，但缺少系统的理论方法。目前，地理对象关系存储模型以表格形式规则化存储对象，利用对象的笛卡儿运算表达对象间的关系，该存储机制限制了海洋时空动态模型的存储与分析能力。地理时空图存储模型继承了地理对象模型对空间、时间和属性整体存储的优势，同时也实现了地理对象与对象关系的一体化存储。地理时空图模型采用无索引链接技术，在处理复杂地理时空关系时具有级跳查询能力，为挖掘分析复杂的海洋时空动态模式奠定了基础。

　　全书共6章。第1章绪论，梳理近40年海洋时空数据模型的发展历程与研究现状，归纳分析海洋时空数据模型存在的问题和发展趋势，提出海洋时空数据模型的发展前景。第2章海洋时空动态建模需求，从海洋时空动态特性分析入手，结合目前海洋GIS的基本表达与存储单元对海洋时空动态分析的局限，提出以演变过程作为海洋时空数据模型的表达与存储的尺度。第3章海洋时空过程建模基础，阐述海洋时空过程语义、过程拓扑、过程对象化、过程算子和过程分析等基本问题。第4章海洋时空过程对象模型，以对象为基本载体，阐述海洋时空过程对象及对象演变关系的表达方法和存储结构。第5章海洋时空过程图模型，以图

(节点-边) 为载体，阐述海洋时空过程对象及对象演变关系的表达方法和存储结构。第 6 章海洋时空过程图数据库原型系统，以全球海洋表面温度异常变化过程对象集为分析对象，以 Neo4j 为图数据库，构建海洋时空过程图数据库原型系统，验证海洋时空过程对象管理、过程可视化和过程分析功能，阐述海洋时空过程数据模型的优势和应用潜力。

　　本书提出并建立了以海洋动态现象/对象生消演变为基本尺度的数据表达与组织的建模思想，实现了动态对象和对象演变关系的一体化表达和存储，突破了以数据观测尺度为主的建模方法在时空一致性上的局限性，为开展海洋时空动态挖掘分析和预测分析奠定了基础。本书的研究工作得到了中国科学院战略性先导科技专项(A 类)(XDA19060103)和国家自然科学基金(41371385、41671401)的联合资助，也得到各行同仁的支持。

　　全书由薛存金、苏奋振撰写、统稿。由于编写时间仓促，作者水平有限，不足之处恳请读者批评指正。

薛存金　苏奋振

2023 年 8 月

目　录

第 *1* 章

绪　论

本章导读

• 时空数据模型是地理信息科学的重要内容，可以为地理信息表达、时空分析及深层次知识挖掘与信息服务提供基础支撑。海洋时空数据模型是在地理时空数据模型的基础上，结合海洋时空数据特征发展起来的方法模型，是开展海洋时空分析的基础。

• 目前，海洋时空数据模型主要以数据观测尺度为基本单元，在处理动态变化的海洋环境问题时存在系列挑战。开展海洋时空动态挖掘与分析不仅要回答什么时间(when)、什么地点(where)、发生了什么事情或变化(what)，还要回答这些变化是如何发生的(how)和为什么会发生这些变化(why)，这就需要发展新的基于演变尺度的海洋时空数据模型。

• 本章从地理时空建模涉及的基本问题，阐述地理时空数据模型的发展历程和面向海洋动态建模时存在的挑战，提出以演变尺度为基本单元的海洋时空动态建模的思想和涉及的关键技术方法，指出海洋时空过程数据模型潜在的应用领域和支撑的研究方向。

1.1　地理时空数据模型

数据模型是按照规则进行数据表达与组织的一种结构，可以有效支撑数据分析和数据发现。地理时空数据模型以解决地理科学中哪些地理要素(地理实体：what)、在哪里(空间：where)、什么时间(时间：when)、如何变化(how)和为什么变化(why)为最终目标，根据地理要素的时空特性设计有效的数据结构，从而实现科学分析与知识发现。不同的地理实体具有不同的时空特性，如静态的地理

— 1 —

实体、瞬时变化的地理实体和连续变化的地理实体，其数据结构与表达模型也不尽相同。面向不同的科学问题，也需要不同的数据结构和数据模型支撑。因此，地理时空数据模型设计需要考虑地理实体类型、地理时空语义和地球信息科学解决的基本问题三个方面。

1.1.1 地理实体类型

地理实体类型是进行时空表达与建模的前提，从不同的研究角度看，其基本类型存在差异（Yuan, 1999; 吴立新等, 2003; 薛存金等, 2010; Hallot and Billen, 2016; Xue et al., 2019b; Ding et al., 2022），本章从地理时空认知理论和人的行为习惯出发，根据地理实体的属性、功能、关系在时空域上的变化特性，将地理实体归纳为七种类型，如图 1-1 所示，其语义描述如表 1-1 所示。其中，*XOY* 代表二维地理空间，*T* 代表时间轴，椭圆的形状和尺寸代表地理实体的空间信息，灰度代表属性信息。

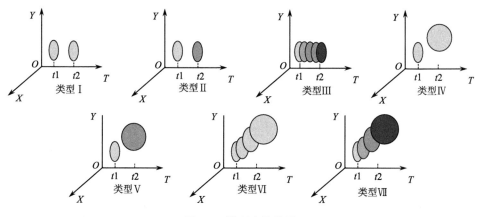

图 1-1 地理实体类型

表 1-1 地理实体类型的语义描述

地理实体类型	描述语义
类型Ⅰ	空间位置相对不变，属性信息也相对不变
类型Ⅱ	空间位置相对不变，属性信息在某一时刻发生变化
类型Ⅲ	空间位置相对不变，属性信息在某时段内连续发生变化
类型Ⅳ	属性信息相对不变，空间位置信息在某一时刻发生变化
类型Ⅴ	空间位置信息在某一时刻发生变化，属性信息也在某一时刻发生变化
类型Ⅵ	属性信息相对不变，空间位置信息在某时段内连续发生变化
类型Ⅶ	空间位置信息在某时段内连续发生变化，属性信息也连续发生变化

1.1.2　地理时空语义

地理时空语义是描述地理实体的一种范式，可以支撑地理时空数据模型的设计和地理时空分析。为实现地理实体与实体变化的表达和地理时空信息的深层知识挖掘，地理时空语义不仅包括地理实体的地理空间、时间和专题属性三个基本元素，也包括地理实体变化和引起变化的原因(变化机制)(陈新保等，2013; Dodge et al.，2016; 朱杰和张宏军，2020; 杜云艳等，2021; Carré and Hamdani，2021; Hamdani et al.，2021; 薛存金等，2022)。因而，地理时空语义描述框架为

$$S = f(E, EC, CM) \tag{1-1}$$

式中，S 为地理时空语义；f 为描述框架体系；E 为地理实体；EC 为地理实体变化；CM 为地理实体的变化机制。

1.1.3　地球信息科学解决的基本问题

能否解决地球信息科学的基本问题及解决的程度如何，是检验时空数据模型科学性的标准。吴立新等(2003)把地球信息科学需要解决的基本问题概括归纳为"4W-HR"，而 Paul 等(2005)则将其概括归纳为"全球状态"和"状态变化"两类问题; 薛存金等则把地理动态归纳为地理时刻状态对象和对象演变的关系(薛存金等，2010，2022; Xue et al.，2012, 2019b)。本章从地理实体的空间、时间、属性的功能关系上进行细化，把地球信息科学需要解决的基本问题归纳为以下九类。

基本问题Ⅰ：在给定时刻，地理实体的属性信息和空间信息分布状态的问题。

基本问题Ⅱ：在给定时刻，地理实体间空间拓扑关系如何的问题。

基本问题Ⅲ：在给定的时间范围内，地理实体的属性信息和空间信息哪些发生变化、哪些没有发生变化的问题。

基本问题Ⅳ：在给定的时间范围内，地理实体的属性信息和空间信息发生变化的速度如何的问题。

基本问题Ⅴ：在未来的给定时刻或给定的时间范围内，地理实体的属性信息和空间信息发生变化的趋势的问题。

基本问题Ⅵ：在给定位置，地理实体的属性信息在某时刻的状态问题。

基本问题Ⅶ：在给定位置，地理实体的属性信息在时间范围内的变化问题。

基本问题Ⅷ：地理实体在整个生命周期内存在的状态、变化过程的问题。

基本问题Ⅸ：地理实体在整个生命周期内的变化趋势、变化动力的问题。

基本问题Ⅰ、基本问题Ⅱ和基本问题Ⅵ是地理实体在给定时刻的状态问题，分别对应"4W-HR"的"what""s-relationship""what"，并与 Paul 的"全球状态"

基本问题吻合；基本问题Ⅲ、基本问题Ⅳ、基本问题Ⅶ和基本问题Ⅷ是地理实体在给定的时间范围内空间信息和属性信息的功能关系的动态变化问题，对应于"4W-HR"的"what changed how"和Paul的"状态变化"问题；而基本问题Ⅴ和基本问题Ⅸ是地理实体在未来的给定时间范围内功能关系如何变化及变化趋势的问题(Nixon and Hornsby, 2010; Rahimi et al., 2021; 薛存金等, 2022)。

1.2 地理时空数据模型国内外研究现状

经过四十多年的研究与发展，在不同的应用领域，针对不同的应用目的，发展了大量的时空表达与建模理论，主要包括：时空立方体模型、时空快照模型、基本状态修正模型、时空复合模型、时空对象模型(Peuquet and Duan,1995; Yuan, 1996, 1999)、面向对象的地貌数据模型(Raper and Livingstone, 1995)、基于事件的时空数据模型(Peuquet and Duan, 1995; Li L et al., 2014)、时空三域模型(Yuan, 1994, 1996)、三元组数据模型(Peuquet, 1994)、面向对象的时空数据模型(Worboys, 1992)、基于特征的时空数据模型(陆锋等, 2001; 崔伟宏等, 2004; 薛存金等, 2007)、基于场和基于对象集成的模型(Cova and Goodchild, 2002; Kjenstad, 2006)、基于场的时空数据模型(仇天宇, 2002)、基于场对象的时空数据模型(邵全琴, 2001)、地理实时时空数据模型(Richardson, 2013; 龚健雅等, 2014; Gong et al., 2015)和以过程为存储单元的时空数据模型(Reitsma and Albrecht, 2005; Hofer and Frank, 2009; Karssenberg et al., 2010; 谢炯等, 2011; Jiang et al., 2014; Anthony and Suzana, 2016; Xue et al., 2019b; 薛存金等, 2010, 2022; He et al., 2022)。然而，任何一种时空数据模型都有其科学背景，虽然在特定的应用领域解决了不少科学问题，但目前仍没有一个通用的时空数据模型能进行地理实体或现象的组织、存储、表达与分析及进一步模拟和预测地理实体或现象的演变规律(邬群勇等, 2016; 苏奋振等, 2020)，其根源在于：地学实体或现象复杂多变，即空间、时间以及专题属性与生俱来地融合在一起。地学实体或现象的复杂性及其时空关系的一体性决定了设计高效、实用的时空数据模型的艰巨性(王家耀等, 2004; 周成虎和苏奋振, 2013; Ferreira et al., 2020; Zhou et al., 2020)。

上述时空数据模型可以按维数、主题或连续性等进行分类，也可以根据其最小或最底层描述或表达的对象来分类，即以场或特征为核心进行分类(苏奋振等2014)，为体现时空数据模型在不同阶段的特性，本章以时空语义为主线，同时参照表达的地理实体和解决的科学问题类型，将上述时空数据模型分类为：静态数据模型的扩展、面向对象的时空数据模型、基于对象变化(事件序列)的时空数据模型、时空集成的时空数据模型和以过程为核心的时空数据模型。表 1-2 给出了不同发展阶段的时空数据模型在核心思想、表达的地理实体类型和解决的基本问题类型方面的对比分析。

表 1-2　时空数据模型对比分析表

时空数据模型	核心思想	地理实体类型	基本问题类型
静态数据模型的扩展	(1)记录时刻状态(矢量或栅格); (2)离散时间间隔地标示在状态上,隐式地表达状态变化; (3)语义描述框架:$S=f(E)$	类型 I 类型 II 类型 IV	问题 I 问题 VI
面向对象的时空数据模型	(1)记录时刻状态对象; (2)离散时间间隔地标示在对象上,隐式地表达对象变化; (3)同时记录对象具有时态信息的空间、属性和关系; (4)语义描述框架:$S=f(E)$	类型 I 类型 II 类型 IV 类型 V	问题 I 问题 II 问题 VI
基于对象变化(事件序列)的时空数据模型	(1)同时记录初始状态(矢量、栅格、对象)和对象变化(事件); (2)离散时间标示在对象(事件)序列上,显式地表达对象变化; (3)采用对象 ID 或双向链表实现状态变化的完整视图; (4)语义描述框架:$S=f(E, EC)$	类型 II 类型 IV 类型 V	问题 I 问题 II 问题 III 问题 IV 问题 VI 问题 VII
时空集成的时空数据模型	(1)等同地记录地理对象的空间信息、时态信息和属性信息; (2)利用外部函数或指针实现空间、时态和属性信息综合集成,并进行动态变化表达; (3)语义描述框架:$S=f(E, EC)$,模型的内部函数或指针隐式的地理实体的表达变化机制	全部实体类型	问题 I → 问题 IV 问题 VI 问题 VII
以过程为核心的时空数据模型	(1)把时空过程对象作为表达的基本单元,同时记录地理实体、实体变化和变化机制; (2)采用分级的思想,实现不同时态尺度的地理实体表达(状态→过程); (3)把变化机制引入时空动态语义和建模框架体系下; (4)语义描述框架:$S=f(E, EC, CM)$	类型 II 类型 III 类型 IV 类型 V 类型 VI 类型 VII	问题 I → 问题 IV 问题 VI → 问题 IX

从表 1-2 可知,随着对地理时空认知程度的深化,时空数据模型的发展在时空语义上更趋完备,表达的地理实体类型和解决的地球信息科学问题也趋于全面。在不同的发展阶段,发展起来的时空表达与建模理论能表达特定的地理实体类型,解决某些类型的地球信息科学问题,但同时也存在不足。下面分别对不同发展阶

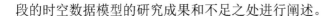

段的时空数据模型的研究成果和不足之处进行阐述。

1.2.1 静态数据模型的扩展

早期代表性的时空数据模型有时空立方体模型和时空快照模型，该类模型首次在语义上实现了"静态→动态"的扩展，丰富了地理实体的动态语义。通过把时态信息离散地标示在矢量或栅格数据的状态上，利用不同时刻状态的变化检测操作，实现矢量或栅格数据变化信息的表达。例如，Wright 等(2007)在总结了海洋数据来源和特点的基础上，提出了 ArcGIS 海洋数据模型(ArcMDM)；Jin 等(2007)针对现有时空数据模型缺乏通用性、灵活性等缺点，提出了一种基于对象关系型数据库的统一时空数据模型。该类数据模型在动态语义上的突破，为后续时空建模的时态信息表达奠定了理论基础。

从表达的地理实体类型上分析，由于时态信息离散地标示在矢量或栅格数据的状态上，该数据模型只能表达时刻状态变化的地理实体，无法实现对时间范围内连续变化的地理实体的描述与表达。例如，该类数据模型能表达海岸线的变迁、土地利用的变更，却无法实现对台风、火势蔓延等现象的动态变化描述与表达。

由于在时空语义下缺少变化信息和变化机制，该类数据模型能够回答某时刻的地理实体的状态问题(问题 I)，而对于地理实体某时间段内的变化问题(问题 VI)，则需要通过模型外部或内部的操作算子实现，问题的复杂性与操作算子的复杂度呈线性比例关系。而对于引起变化的原因、变化的程度、变化的趋势等问题却无能为力。

该类数据模型表达地理实体类型和解决地球信息科学问题的能力有限，不足之处主要包括：①数据冗余问题——不同时刻状态信息的重复存储；②地理实体的变化尺度与表达的时态尺度一致性问题——如何解决两者的同步性，尽可能地减少信息丢失；③时刻状态间的信息丢失问题——地理实体的变化尺度与表达的时态尺度不一致和表达连续变化的地理实体时，都会存在信息丢失的问题。

1.2.2 面向对象的时空数据模型

面向对象的时空数据模型的核心内容是在静态对象数据模型的基础上扩展时态信息的表达。从时空语义上分析，时态信息离散地标示在变化地理对象上，等同地记录对象的空间信息、属性信息和空间关系，而信息的变化则需通过不同时刻状态对象的变化操作获取。与基于静态数据模型扩展不同的是，该类数据模型能隐式地表达空间关系的动态变化。例如，苏奋振(2003)对海洋数据来源、处理过程和处理结果进行了梳理，以面向对象的方式构建了点特征对象模型、线特征对象模型、面特征对象模型和体特征对象模型，融入了时间维度以描述过程，特别地,该类模型中不仅对海洋观测数据进行了考虑,而且对海洋现象进行了考虑。

鉴于海洋数据的连续动态性,场、场对象模型也被广泛应用于海洋数据的组织与表达。场模型表达空间变化、模拟变化特性,这种变化特性依赖于空间位置(Goodchild, 2009)。相对于单一的对象模型和场模型,大部分地理现象同时具有对象和场的特性,尤其是海洋现象(仉天宇等, 2003; Xue et al., 2015a),因此,针对这种复杂的地理现象,研发了系列的场对象模型(Camara et al., 2000; 邵全琴, 2001; Cova and Goodchild, 2002; Kjenstad, 2006)。

该类数据模型以地理对象作为表达载体,能同时表达空间信息、属性信息和空间关系同时发生变化的地理实体类型(问题Ⅰ、问题Ⅱ、问题Ⅳ和问题Ⅴ);从解决的地球信息科学问题上分析,其不仅能解决空间和属性信息的状态变化问题(问题Ⅰ和问题Ⅵ),也能回答空间关系的变化问题(问题Ⅱ)。例如,龚健雅利用面向对象技术,通过把时态信息分别标示在空间信息、属性信息、空间关系和对象版本上,实现地理实体的空间信息、属性信息及空间关系和地理对象的动态变化(龚健雅, 1997); Xue 等(2015a)利用场对象模型中的对象模型表达海洋表面温度异常变化的边界范围,利用场模型表达海洋表面温度异常变化的空间分布,时间信息标识在对象模型上,实现对象的动态变化分析。

与基于静态数据模型的扩展类似,该类数据模型无法直接表达对象的变化信息,需要通过模型内部和外部的操作算子实现;也无法回答对象变化原因、变化程度、变化趋势等问题。

1.2.3　基于对象变化(事件序列)的时空数据模型

Peuquet 和 Duan(1995)基于事件的时空数据模型是模拟事件序列的时空数据模型的代表,把地理实体的变化抽象为地理事件,首次把变化的信息纳入时空语义描述与表达框架下,丰富了地理实体的时空语义,实现了地理实体变化信息的显式表达。该类模型同时记录地理实体的初始状态(矢量数据或栅格数据)和变化信息,采用双向链表的形式表达地理实体完整的变化视图,包括任意时刻地理实体的回溯复原和地理实体变化信息的提取。

基于对象变化与模拟事件序列模型的重要区别是初始状态的矢量或栅格数据向地理对象的转变,实现地理实体空间、属性和时态信息的等同表达,利用对象ID连接对象的空间、属性和时态信息,构建地理实体完整的动态变化视图结构:时态信息标示在空间信息上,构建空间信息的动态变化视图;时态信息标示在属性信息上,构建属性信息的动态变化视图;而空间和属性信息的动态变化,则表达地理实体的变化历史。

因而,基于对象变化和事件序列的数据模型在时空语义上并没有本质差异,两者都为地理时空表达与建模框架中纳入实体变化的思想奠定了理论基础。

由于在时空语义中纳入变化信息,因此该类数据模型能够表达空间位置信息、属性信息和两者同时离散变化的地理实体类型(类型Ⅱ、类型Ⅳ和类型Ⅴ)。对于时变性较快或连续变化的地理实体类型,尽管该类数据模型也能表达,但需要解决连续变化→离散标示的时态尺度问题,尺度过大,事件间的信息丢失较多,很难实现地理实体信息的回溯复原;尺度过小,双向链表之间的关联变得非常复杂,很难实现时态关系的查询。无论时态尺度小到何种程度,由于缺乏事件之间的内在联系性(引起变化的原因),事件与事件之间的信息都会丢失。

从解决地球信息科学的问题上分析,由于该类模型记录了变化信息,因此能直接回答某时刻地理实体状态和状态变化的问题(问题Ⅰ、问题Ⅱ、问题Ⅲ和问题Ⅵ),并通过模型内部或外部的操作算子,也能间接回答地理实体的空间和属性信息的变化速度和变化程度(问题Ⅳ和问题Ⅶ)。但由于缺乏事件与事件间内在联系性,该类模型很难回答诸如变化过程、变化趋势和变化动力的问题。

尽管该类模型首次把变化信息纳入时空语义描述框架中,进一步丰富了时空建模与表达理论,但其不足之处也显而易见,主要包括:①空间关系的动态表达能力较弱——由于以初始状态和变化关系作为表达载体,时刻状态的空间信息需要逐步地回溯复原,因此空间关系的表达需要完整地理实体的空间信息;②对于时变性较快和连续变化的实体类型的表达能力较弱——对于时变性较快的实体类型,需要解决双向链表关联的高效性,对于连续渐变的实体类型,需要解决"连续变化→离散表达"最佳转换的时态尺度;③深层知识挖掘能力较弱——模型中事件间的关系只是简单的时态顺序关系,而现实世界中可能是线性、非线性、动力模型驱动等。

1.2.4 时空集成的时空数据模型

时空集成的时空数据模型把空间信息、属性信息和时态信息放在独立的框架体系中,三者之间利用对象ID、指针、环境设置或函数等关联,实现地理实体的完整表达。例如,Yuan(1999)利用空间域、属性域、时态域及三者之间的指针和数学函数实现地理实体的动态表达;而Worboys(2005)则利用地理对象、地理事件、地理设置和三者之间的对象操作实现地理实体的动态表达。

由于在统一的时空框架下集成了相对独立又紧密关联的空间信息、属性信息和时态信息,利用三者之间的关联操作或函数,可以实现空间信息、属性信息和空间关系的动态变化,或地理实体的历史演变。因而,该类模型表达的地理实体较为全面。

从解决的地球信息科学的基本问题分析,该类模型能直接回答地理实体的"状态问题"和"变化问题"(问题Ⅰ、问题Ⅱ、问题Ⅲ、问题Ⅵ和问题Ⅶ);通过模型内部或外部的操作函数,能间接回答地理实体的部分变化速度(问题Ⅳ)和变化趋势的问题(问题Ⅷ)。而对于地理变化的动力机制和变化范围内的演变过程则相对薄弱。

通过集成空间信息、属性信息和时态信息,表达地理实体类型和解决地球信息科学问题的能力大大增强,但也存在明显的不足。空间信息、属性信息和时态信息是地理实体三个密切联系的基本要素,在语义上是不可分割的。然而,该类模型却人为地把其隔离开来进行描述,在表达地理实体的演变时,再通过内部指针或函数进行关联。随着时空数据的增加,三者之间的关联操作变得更加复杂。

1.2.5　以过程为核心的时空数据模型

以过程为核心的时空数据模型,尝试在时空语义和表达框架体系中纳入地理实体变化机制,把过程对象:实体演变序列(Claramunt et al., 1997; Claramunt and Theriault, 1996)、生命周期序列(薛存金等, 2010, 2022; Nixon and Hornsby, 2010; Yi et al., 2014)、时间序列(Goodchild, 2004; Ferreira et al., 2020)、事件序列(Yuan, 2001; Yuan and Mcintosh, 2003; Li X et al., 2014; Zhu et al., 2021)、地理时空单位(Reitsma and Albrecht, 2005)、区域动态现象(苏奋振和周成虎, 2006; 谢炯等, 2007; Anthony and Suzana, 2016)作为完整的载体进行表达、存储,并采用分级的思想进行"过程→状态"的提取和"状态→过程"的回溯复原,从而实现地理实体的动态变化表达。例如,Yuan 和 Mcintosh(2003)提出"事件—过程—状态"(Yuan, 2001)和"事件—过程—序列—区域"地理动态的时空分级表达结构在火势蔓延、降雨过程模拟等方面具有很好的应用;谢炯等(2007)及吴长彬和闾国年(2008)分别提出"时空过程—演变序列—演变—变元"梯形描述框架(谢炯等, 2007)和"事件—过程"的逻辑形式化表达结构,进行土地利用变化和地籍变更等方面的研究。基于 3 个基本地理实体类型:地理对象、地理事件和地理过程,陈新保等(2013)提出和构建了基于"对象—事件—过程"的面向对象的时空数据模型,并将其应用于海冰的组织表达与动态变化分析;Yi 等(2014)利用"对象—过程—事件"的思想,开展南中国海中尺度涡旋的动态追踪与评价。

该类模型把过程对象作为完整的表达载体,提供了更丰富的时空语义和更完备的动态表达框架(薛存金等, 2022; He et al., 2022)。该类模型利用分级表达与存储的思想,在分级的底层设计空间和属性信息的表达结构,在级别内部设计时态信息的表达结构,利用级别与级别间的变化机制实现动态实体的过程化描述、表达与存储。

从表达的地理实体类型分析,该类模型能表达所有的动态变化的地理实体,但对于静态实体(类型Ⅰ),该类模型的数据结构却过于复杂。由于在时空语义和表达框架体系中纳入变化机制,该类数据模型能解决的地球信息科学的基本问题也更为全面,不仅能解决状态变化的问题,也能回答变化的速度及为什么发生变化的问题(变化动力)。

尽管如此,该类模型在具体的实施过程中还存在许多问题,需要深入完善。①分级表达中,级别内部之间并不只是时态顺序关系。时态顺序关系仅仅表达了地理实体发生的先后,而地理实体的变化可能是线性关系、非线性关系或动力模型的驱动。②对于连续渐变的地理实体的表达与建模,利用离散事件来驱动实体的变化,不仅要解决连续变化实体离散化的最佳时间尺度问题,也要解决信息的丢失问题。③如何在模型内部实现变化机制的归一化集成。过程间、过程内部之间的各种关系、过程操作和地理事件都有可能是实体发生变化的原因(变化机制),其由于类型不一,在模型内部的集成接口、内部参数、返回类型等都存在差异。

1.2.6 地理时空数据模型存在的问题

1. 时空数据模型的设计思想

从研究内容上分析,时空数据模型强调地理实体或现象在时间上和空间上的等同性,但目前大部分时空数据模型要么在时间维上扩展空间维(基于时间的时空数据模型),要么在空间维上扩展时间维(基于位置的时空数据模型和基于实体的时空数据模型),致使无法同时解决空间上的拓扑关系和时间上的拓扑关系(参照表1-1),无法进行时空上的各种操作与分析。近年来,国内外学者提出了基于空间、时间、属性集成的时空数据模型[时空三域模型(Donna, 1995)、TRIAD模型(Yuan, 1999)、场对象数据模型(邵全琴, 2001; 仉天宇等, 2003)、事件驱动的数据模型(Worboys, 2005; Li X et al., 2014; 杜云艳等, 2021)、以过程为对象的时空数据模型(Reitsma and Albrecht, 2005; 张丰等, 2008; 陈新保等, 2013; Jiang et al., 2014; Anthony and Suzana, 2016)]来尝试解决时空上的等同性,但该类时空数据模型对时空拓扑关系的论述不足,且还停留在地理实体或现象的提取和描述层次。面向地理时空动态,迫切需要发展以生命周期为基本单元的时空过程数据模型和挖掘方法,来支撑地理时空表达、存储与挖掘分析(薛存金等, 2010, 2022; Liu et al., 2019; He et al., 2020, 2022)。

2. 时空数据模型的描述表达层次

从数据模型的层次性与描述、表达与组织地理实体或现象的类型分析,时空数据模型的层次性表明，静态数据模型的扩展、面向对象的时空数据模型和基于对象变化(事件序列)的时空数据模型人部分处于地理对象的存储层次，而时空集成的时空数据模型和以过程为核心的时空数据模型大部分处于地理现象的提取和描述层次。面向复杂的海洋现象和环境，时空集成的时空数据模型和以过程为核心的时空数据模型具有更为广阔的应用前景(Yu et al., 2018; Liu et al., 2019; Xue et al., 2019a)，但该类模型还存在许多问题，如时空拓扑关系的研究、时空分析功能向模型内部的嵌入、时空演变关系的表达存储与分析等。

3. 时空数据模型解决科学问题的能力

从数据模型类型解决科学问题的能力分析，对于地理实体或现象的状态问题和时刻变化的问题，可以采用上述五种时空数据模型进行解决。但对于时间范围内，地理实体或现象的空间、属性功能关系连续动态变化的问题，尤其是动态的变化模式和内在变化规律及机制的问题，还需要新的理论和方法体系支持的时空数据模型来解决。然而，这类科学问题是在客观世界中存在的最为普遍的一类科学问题，也是 GIS 领域里需要解决的最为本质的科学问题。

4. 时空数据模型解决的地理类型

从数据模型描述表达的地理实体或现象的类型分析，对于状态或时刻发生变化的地理实体或现象(类型Ⅰ、类型Ⅱ、类型Ⅳ和类型Ⅵ)，上述五种时空数据模型即可描述与表达；但对于空间信息、属性信息综合连续变化的地理实体或现象(类型Ⅲ、类型Ⅴ和类型Ⅶ)，上述五种时空数据模型却无法科学地描述、表达及分析。然而，该类型的地理实体或现象在现实世界中最为普遍，尤其在海洋领域。

综合上述分析，目前上述五种时空数据模型存在的问题及原因归纳如下：

(1)无法解决地理实体或现象在空间上与时间上的等同分析，原因在于缺乏时空集成理论的探讨；

(2)无法科学地对连续变化的地理实体或现象进行描述、表达、组织与存储及进一步的时空分析，原因在于缺乏完整的对于连续变化实体或现象组织与存储的理论体系；

(3)无法进行动态模式及动态变化规律的描述及分析，原因在于模型内部没有提供算法集成接口。

1.3　海洋时空过程建模涉及的问题

经过近四十年的发展，地理时空数据模型经历了五个发展阶段，静态数据模型的扩展、面向对象的时空数据模型和基于对象变化(事件序列)的时空数据模型具有完备的理论基础,而时空集成的时空数据模型和以过程为核心的时空数据模型时空动态语义越来越完备,能表达的地理实体类型和解决的地球信息科学问题越来越全面,时空数据模型也从状态对象表达、对象变化发展到变化机制分析、机理解释和趋势预测(Li et al., 2014; Xue et al., 2019a)。因而,时空集成和以过程为核心的时空数据模型已成为时空表达与建模理论的热点问题(Xue et al., 2012; Kwan and Neutens, 2014; Carré and Hamdani, 2021),也是时空数据模型的发展趋势。鉴于海洋数据具有时空过程的动态特性,面向过程的时空数据模型在海洋领域具有更为广阔的应用前景,这也是本书撰写的动力与目的。

以过程为核心的时空数据模型处于萌芽阶段,从不同的研究角度,学者对时空过程的理解存在差异,主要包括时间序列(Goodchild, 2004)、事件序列(Yuan,2001;Yuan and Mcintosh, 2003; LemosDias et al., 2004; 张丰等, 2008)、实体演变序列(Claramunt and Theriault, 1996; Claramunt et al., 1998)、地理时空单元(Restima and Albrecht, 2005; 裴韬等, 2019)、连续变化的区域动态现象(苏奋振和周成虎, 2006; 薛存金等, 2010; Xue et al., 2019a)。不同的地理时空过程理解,导致地理时空表达体系结构不尽相同。本书把具有生消演变的连续变化区域动态现象认知为地理时空过程,并以此为基础开展海洋时空过程模型研究,主要涉及以下几个问题。

1.3.1 海洋时空动态特性对建模的需求

海洋动态变化与陆地动态变化存在本质差异:一是海洋现象在空间上具有区域连续性,没有明确的边界,如海洋涡旋,而陆地对象具有明确的边界,如道路、水体等。二是海洋动态变化的空间形态在时间上具有产生—发展—消亡的生消演变过程,如涡旋的产生、发展成熟到消亡消失,而陆地变化具有瞬时性,发生即结束。三是海洋动态变化的专题属性呈现出弱—强—弱的过程,而陆地动态变化的专题属性多为有—无或无—有。因此,海洋时空过程数据模型在设计时,需要重点考虑这种连续变化的空间形态和属性演变。

1.3.2 海洋时空过程建模的理论方法

海洋时空过程语义决定了海洋时空模型的要素和时空表达框架。本书把海洋时空过程语义定义为海洋领域内具有生命周期的连续渐变的海洋实体或现象的一种概念抽象,如涡旋的生消演变过程、海洋异常变化的生消演变过程。因此,海洋时空过程模型表达与建模的对象为海洋时空过程,不仅包括海洋现象的空间结构和属性信息,而且包括空间结构和属性信息的生消演变。

时空过程拓扑可用来描述过程对象的时空位置和形态的关系，这种关系强调的是时空演变，因此是开展海洋时空动态分析的基础。海洋时空过程数据模型不仅要实现海洋动态数据的组织存储，也要支撑海洋时空动态分析，这就需要设计时空过程拓扑关系。由于过程对象是从时空对象抽象而来的，具有时空对象的时空结构，本书在空间拓扑和时态拓扑理论的基础上建立了时空拓扑运算的笛卡儿流程，并构建了海洋时空过程拓扑关系。

除海洋时空过程拓扑关系外，海洋过程关系还包括海洋过程内部的演变关系及过程对象间的方向关系、距离关系和相互作用关系。海洋过程内部的演变关系用来刻画过程对象自身前后连续时刻范围内的演变（形态结构和属性强弱），过程对象间的方向关系和距离关系用来刻画两个过程之间的方位和距离，过程对象间的相互作用关系用来刻画过程对象间的响应和驱动。

1.3.3　海洋时空过程对象提取与分析

海洋时空过程不仅是海洋时空表达与组织的一种模型，也是海洋时空分析的基本单元。海洋时空过程与点、线、面和体，甚至对象都存在本质差异，面向对象的提取技术强调海洋时刻状态对象，关注海洋对象的空间结构，而海洋时空过程不仅包含时刻状态的海洋对象，还包括海洋时刻状态对象的演变关系（Li et al., 2021; Xue et al., 2019b, 2022）。此外，利用传统的对象-关系数据库进行组织存储在时空演变关系方面存在系列问题，难以挖掘动态演变关系（Xue et al., 2019a）。利用海洋时空过程数据模型进行海洋时空对象提取与分析时，需要考虑设计海洋时空对象提取方法的集成接口，时空查询检索、功能分析、可视化等时空功能集成接口和海洋时空挖掘分析方法集成接口。

1.3.4　海洋时空过程原型系统

海洋时空过程数据模型以海洋生消演变过程为基本分析单元，设计海洋时空对象和演变关系的表达与存储，是一个全新的概念，支持海洋时空动态组织存储、时空动态分析等（薛存金等，2022）。海洋时空数据存储的性能如何和分析的效果如何，都需要进行验证。图数据模型采用免索引存储方式，在地理时空动态演变关系存储方面具有得天独厚的优势，目前广泛应用于地球信息科学领域（Mondo et al., 2013; Thibaud et al., 2013; Xue et al., 2019a; 李连伟等，2019）。因此，本书以长时间序列的卫星遥感影像为主要数据源，以海洋时空过程语义为主线，提取海洋时空过程对象和时空演变关系，设计过程图数据库模型结构，构建海洋时空过程数据库原型系统。通过分析海洋时空过程对象入库、对象管理、时空过程对象查询检索过程对象可视化和过程对象分析等功能，实现对海洋时空过程数据模型进

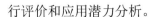

行评价和应用潜力分析。

1.4　海洋时空数据模型支撑方向

随着"数字海洋"、"智慧海洋"、"经略海洋"和"21 世纪海上丝绸之路"海洋强国战略的提出及实施，海洋领域的研究受到前所未有的重视，也逐渐成为研究热点(李四海等, 2010; 姜晓轶和潘德炉, 2018; 苏奋振等, 2020)。上述研究涉及政治、经济、文化、人文等多领域非结构化数据汇总、集成、管理及深层次的信息分析与知识挖掘(张峰等, 2009; Li et al., 2011; 黄冬梅等, 2012)。针对海洋领域，从深海的海洋环境监测到近海的海岸带资源开发利用，都迫切需要从数据到信息的一体化管理、分析与应用。

1.4.1　海洋 GIS

GIS 科学研究的本质是解决地理过程和地理现象在时刻上的时空分布状态和时间范围内的时空变化过程、时空变化特性、时空变化的预测预报及时空演化的机制(Paul, 2005)。海洋 GIS 最早始于陆地 GIS 拓展，利用 GIS 的基础理论与方法实现海洋数据的管理与可视化，并在三维建模和定量分析方面进行了探讨(Manley and Tallet, 1990)。经过几十年的发展，海洋 GIS 已成为海洋领域新兴的高新技术之一(周成虎和苏奋振, 2013)。海洋数据从岸基台站、调查船、遥感、数值模拟等数据源发展为多源海量异质的海洋数据(文本、图像、视频等)，但海洋GIS 的核心内容仍然是如何实现"海洋数据的管理与分析→海洋知识获取与可视化→海洋信息服务"一体化(苏奋振等, 2005；Li et al., 2022)。在进行海洋 GIS研究时，海洋数据管理、时空分析与信息服务三个方面相互联系，并都以底层的海洋时空数据模型为基础,即海洋时空数据模型决定了不同的海洋数据管理策略、时空分析方法和信息服务模型。

1.4.2　海洋时空分析

海洋时空分析旨在揭示海洋要素与现象的时空分异以及海洋过程的相互影响与制约(苏奋振, 2003)。面向复杂的海洋数据类型和海洋数据特性，衍生了海洋时空动态分析、时空三维分析、时空关联分析、时空场分析、时空特征分析多种分析方法。尽管上述的分析方法面向不同应用目的或领域，但都需要有效的海洋时空数据模型作为支撑。例如，Su 等(2004)构建了用于关联分析的事件数据模型，用于表达海洋环境和渔场的关联；冯文娟等(2007)提出基于特征和缓冲区的数据模型，以分析台风过程与海岸的关系；薛存金等(2007)提出了基于特征的海洋时空数据模型，用于分析海洋锋的时空特征变化；Zhang 等(2012)采用轴面数据结构来表达海岸，进而在轴面框架下实现对海湾的整体性开发强度评价；Xue 等(2012)设计了面向过程的海洋时空数据模型，开展了厄尔尼诺-南方涛动(El Niño-Southern Oscillation, ENSO)现象的过程表达及与中国东南沿海降雨异常的过程分析；Li X 等(2014)设计了交互式可视化组件模型，用于实现海洋关联知识从像素到区域的可视化；Yi 等(2014)利用对象—过程—事件的思想，开展南中国海中尺度涡旋的动态追踪与评价；Xue 等(2015b)面向多源卫星遥感数据，设计了面向对象和栅格的挖掘模型，实现了海洋环境要素的对象和区域的时空关联知识提取与分析；Li 等(2022)面向海洋环境要素的时空动态关系，设计面向过程的海洋时空数据模型，支撑海洋时空动态对象提取、对象存储和挖掘分析。

1.4.3　海洋信息服务

从数据分析到产品信息的一体化，海洋信息服务功能包括数据的集成管理、时空分析模型的共享与互操作和信息产品的提供与分发，具体为海洋信息服务的本体方法、异构数据归一化、网络数据一站式服务、服务的描述与查找、海洋过程远程可视化、网络环境的服务聚合等(Li et al., 2011)。面对海洋领域中日益增强的数据获取能力、日益广布的海洋机构、日益增多的海洋应用，海洋信息服务的需求日益迫切，但目前面临的主要问题包括：①数据资料来源广泛而形式异构；②数据表达和语义差别导致不一致性，以致无法集成分析；③数据和系统功能重复开发而复用程度低；④信息系统因各自开发或业务不同，彼此间流程、机制和形式等存在差异而无法协同；⑤数据、设备和人员在网络中的表现和行为各异而不能有效获取或联合。海洋信息服务存在以上问题的根源在于数据库中数据模型构建时，往往强调数据集成的方便和查询检索的方便，即数据管理的方便，但在服务中，用户对数据的了解需要有更多描述数据的信息，而这些信息并未被数据模型所涵盖，即海洋信息服务类型与层次主要依靠底层海洋数据模型支撑(苏奋振等, 2020)。

1.4.4　海洋大数据

随着空天地综合观测技术的发展和众源获取技术的发展，海洋数据也呈现出地理大数据特征：4V——数据量(volume)大、类型(variety)多、价值(value)密度低和更新速度(velocity)快或 5V[4V+真实性(veracity)]。地理大数据挖掘的本质是回溯历史、厘清现状和预测未来(裴韬等, 2019)，对海洋动态数据组织管理、海洋数据分析技术和海洋应用体系都提出了挑战，致使海洋数据的丰富与海洋知识的贫乏之间存在巨大的鸿沟。海洋空间信息科学在大数据背景下该如何发展已引

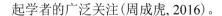

起学者的广泛关注(周成虎, 2016)。

1.4.5 21世纪海上丝绸之路

"海上丝绸之路"是中国古代东西方商业贸易和文化交流的重要海上通道,曾为中华文明走向世界作出了重要贡献。建设"21世纪海上丝绸之路"是习近平总书记在2013年提出的重大倡议,旨在进一步深化中国与东盟的战略合作。"21世纪海上丝绸之路"建设涉及沿线国家的政治、经济、文化、科技等多领域,几年的合作发展成果受到国际社会的高度关注和认可。从空间信息科学的角度,需要构建"21世纪海上丝绸之路"关键航线的海洋环境安全保障体系和沿线及周边国家的海洋海岸带空间信息服务体系,这两个服务体系的建设无不需要对海量、多源、异质数据的组织管理与分析。

1.4.6 "数字海洋"和"智慧海洋"

"数字海洋"是继"数字地球"战略提出而产生的,研究范畴包括数据、操作平台和应用模型(侯文峰, 1999),涉及海洋信息获取与更新体系、数字海洋信息基础设施、海洋信息处理与管理体系、数字海洋应用和服务体系、"数字海洋"业务化运行保障体系建设等具体内容(李四海等, 2010)。其核心内容是集成GIS、遥感(RS)、全球定位系统(GPS)、专家系统(ES)、决策支持系统(DSS)、计算机科学、虚拟仿真技术、Web服务等理论技术与方法,旨在利用多源异质海洋数据,通过海洋数据的集成管理、海洋现象过程的表达分析、海洋场景的预测模拟,来实现海洋开发利用的可持续发展。"数字海洋"的构建离不开时空分析方法、预测模拟模型及关键技术的突破,但前期基础是海洋数据的集成管理(张峰等, 2009; 刘金等, 2011; 黄冬梅等, 2012; 谭凯中等, 2021)。海量、多分辨率、多时相、多类型空间对海洋观测数据和海洋监测数据,在空间上具有方向关系和拓扑特征,在时间上具有顺序性和尺度上的层次性特征,在时空尺度上又具有管理特征。因此,如何把真实海洋世界的各种现象、状态、过程转换成虚拟的和数字化的海洋信息,需要建立统一的坐标体系、集成标准、处理规范,这都是海洋时空数据模型的研究范畴(苏奋振等, 2006)。

如果说"数字海洋"是把海洋信息装入计算机,实现数字化,那么"智慧海洋"就是对"数字海洋"的深度发展,实现海洋信息的智能化管理。"智慧海洋"集成海洋空间信息技术、新一代电子信息技术、全球定位技术、物联网技术等,实现海洋资源、环境的智能化开发与管理,服务于国家生态文明建设和国家海洋安全保障建设。"智慧海洋"的核心技术基于海洋综合立体感知,互联网实时信息传输和大数据、云计算、知识挖掘三大高新技术,构建海洋大数据云平台和海洋信息应用服务群(姜晓轶和潘德炉,2018)。海洋大数据分析平台和海洋信息应用服务都需要高效的数据表达与组织模型支撑大数据分析技术、云计算模型和知识挖掘方法。

1.5 本章小结

综合对地观测和众源获取技术为获取海洋时空动态数据提供了技术支撑,海洋 GIS、海洋时空分析和海洋信息服务对海洋时空动态表达与建模提出了迫切需求,然而目前的海洋时空建模方法以数据观测尺度为基本单元,开展海洋时空对象的表达与存储,割裂了海洋对象的演变关系,限制了海洋时空动态分析理论与方法的发展。本章从地理时空语义、地理实体类型和解决的科学问题三个方面,归纳分析了近 40 年地理时空数据模型的核心理念、研究现状与存在的问题,提出以演变过程为海洋时空动态表达与建模的基本单元,发展面向过程的海洋时空建模理论与基本方法,这些在海洋数据科学和地球信息科学等领域具有科学价值和应用前景。

主要参考文献

曹洋洋, 张丰, 杜震洪, 等. 2014. 一种基态修正模型下的时空拓扑关系表达. 浙江大学学报(理学版), 41(6): 709-714.

曹志月, 刘岳. 2002. 一种面向对象的时空数据模型. 测绘学报, 31(1): 72-87.

陈新保, 李黎, 李妹. 2013. 基于对象-事件-过程的时空数据模型及其应用. 地理与地理信息科学, 29(3): 10-16.

陈新保, 朱建军, 陈建群. 2009. 时空数据模型综述. 地理科学进展, 28(1): 9-17.

崔伟宏, 史文中, 李小娟. 2004. 基于特征的时空数据模型研究及在土地利用变化动态监测中的应用. 测绘学报, 33(2): 138-145.

杜云艳, 易嘉伟, 薛存金, 等. 2021. 多源地理大数据支撑下的地理事件建模与分析. 地理学报, 76(11): 2853-2866.

冯文娟, 杜云艳, 苏奋振. 2007. 台风时空过程的网络动态分析技术与示例. 地球信息科学, (5): 57-63.

龚健雅, 李小龙, 吴华意. 2014. 实时 GIS 时空数据模型. 测绘学报, 43(3): 226-232.

龚健雅. 1997. GIS 中面向对象时空数据模型. 测绘学报, 26(4): 289-298.

侯文峰. 1999. 中国"数字海洋"发展的基本构想. 海洋通报, 18(6): 1-10.

黄冬梅, 张弛, 杜继鹏, 等. 2012. 数字海洋中海量多源异构空间数据集成研究. 海洋环境科学, 31(1): 111-113.

姜晓轶, 潘德炉. 2018. 谈谈我国智慧海洋发展的建议. 海洋信息, (1): 1-6.

姜晓轶, 周云轩. 2006. 从空间到时间——时空数据模型研究. 吉林大学学报(地球科学版), 36(3): 480-485.

李连伟, 伍程斌, 崔建勇, 等. 2019. 基于图结构的暴雨事件组织方法研究. 系统工程理论与实践, 39(3): 805-816.

李四海, 姜晓轶, 张峰. 2010. 我国数字海洋建设进展与展望. 海洋开发与管理, 27(6): 39-43.

李勇, 陈少沛, 谭建军, 等. 2007. 事件驱动的城市公共交通时空数据模型研究. 测绘学报, (2): 203-209.

刘金, 朱吉才, 姜晓轶, 等. 2011. 海洋信息组织与存储模型研究及其在"数字海洋"中的应用. 海洋通报, 30(1): 73-80.

陆锋, 李小娟, 周成虎, 等. 2001. 基于特征的时空数据模型: 研究进展与问题探讨. 中国图象图形学报, 6(9): 830-835.

孟令奎, 赵春宇, 林志勇, 等. 2003. 基于地理事件时变序列的时空数据模型研究与实现. 武汉大学学报(信息科学版), (2): 202-207.

裴韬, 刘亚溪, 郭思慧, 等. 2019. 地理大数据挖掘的本质. 地理学报, 74(3): 586-598.

邵全琴. 2001. 海洋 GIS 时空数据表达研究. 北京: 中国科学院地理科学与资源研究所.

舒红. 2006. 整体地理时空语义. 黑龙江工程学院学报(自然科学版), 20(4): 10-13.

苏奋振, 杜云艳, 裴相斌, 等. 2006. 中国数字海洋构建基准与关键技术. 地球信息科学, (1): 12-15.

苏奋振, 吴文周, 平博, 等. 2014. 海洋地理信息系统研究进展. 海洋通报, 33(4): 361-370.

苏奋振, 吴文周, 张宇, 等. 2020. 从地理信息系统到智能地理系统. 地球信息科学学报, 22(1): 2-10.

苏奋振, 周成虎, 杨晓梅. 2005. 海洋地理信息系统: 原理、技术与应用. 北京: 海洋出版社.

苏奋振, 周成虎. 2006. 过程地理信息系统框架基础与原型构建. 地理研究, 25(3): 477-484.

苏奋振. 2003. 海洋地理信息系统时空过程研究. 北京: 中国科学院地理科学与资源研究所.

谭凯中, 秦勃, 何亚文. 2021. 面向过程的海洋时空数据分布式存储与并行检索. 中国海洋大学学报(自然科学版), 51(11): 94-101.

王家耀, 魏海平, 成毅, 等. 2004. 时空 GIS 的研究与进展. 海洋测绘, (5): 1-4.

邬群勇, 孙梅, 崔磊. 2016. 时空数据模型研究综述. 地球科学进展, 31(10): 1001-1011.

吴立新, 龚健雅, 徐磊, 等. 2005. 关于空间数据与空间数据模型的思考——中国 GIS 协会理论与方法研讨会(北京, 2004)总结与分析. 地理信息世界, 3(2): 41-46.

吴立新, 史文中, Christopher G. 2003. 3D GIS 与 3D GMS 中的空间构模技术. 地理与地理信息科学, (1): 5-11.

吴长彬, 闾国年. 2008. 一种改进的基于事件-过程的时态模型研究. 武汉大学学报(信息科学版), 33(12): 1250-1254.

谢炯, 刘仁义, 刘南, 等. 2007. 一种时空过程的梯形分级描述框架及其建模实例. 测绘学报, (3): 321-328.

谢炯, 张丰, 薛存金. 2011. 一种顾及级联时空变化描述的土地利用变更数据模型. 中国土地科学, 25(11): 81-87.

薛存金, 董庆. 2012. 海洋时空过程数据模型及其原型系统构建研究. 海洋通报, 31(6): 667-674.

薛存金, 苏奋振, 何亚文. 2022. 过程——一种地理时空动态分析的新视角. 地球科学进展, 37(1): 65-79.

薛存金, 苏奋振, 周成虎. 2007. 基于特征的海洋锋线过程时空数据模型分析与应用. 地球信息科学, 9(5): 50-57.

薛存金, 谢炯. 2010. 时空数据模型的研究现状与展望. 地理与地理信息科学, 26(1): 1-6.

薛存金, 周成虎, 苏奋振, 等. 2010. 面向过程的时空数据模型研究. 测绘学报, 39(1): 95-101.

张丰, 刘仁义, 刘南, 等. 2008. 一种基于过程的动态时空数据模型. 中山大学学报(自然科学版), 47(2): 123-126.

张峰, 石绥祥, 殷汝广, 等. 2009. 数字海洋中数据体系结构研究. 海洋通报, 28(4): 1-8.

仇天宇, 周成虎, 邵全琴. 2003. 海洋 GIS 数据模型与结构. 地球信息科学, 5(4): 25-29.

仇天宇. 2002. 海洋 GIS 场模型研究. 北京: 中国科学院地理科学与资源研究所.

周成虎, 苏奋振. 2013. 海洋地理信息系统原理与实践. 北京: 科学出版社.

周成虎. 2016. 大数据时代的空间数据价值——《空间数据挖掘理论与应用》评介. 地理学报, 71(7): 1281.

朱杰, 张宏军. 2020. 面向仿真事件的战场地理环境时空过程建模. 武汉大学学报(信息科学版), 45(9): 1367-1377.

Anthony J, Suzana D. 2016. Towards a voxel-based geographic automata for the simulation of geospatial processes. ISPRS Journal of Photogrammetry and Remote Sensing, 117: 206-216.

Camara G, Montaero A M V, Paiva J A, et al. 2000. Towards a unified framework for geographical data models. Journal of the Brazilian Computer Society, 7(1): 17-25.

Carré C, Hamdani Y. 2021. Pyramidal framework: Guidance for the next generation of GIS spatial-temporal models. International Journal of Geo-Information, 10(3): 188.

Claramunt C, Parent C, Theriaul T M. 1997. Design patterns for Spatio2temporal processes // Stefano S, Fred M. Data Mining, Reverse Engineering : Searching for Semantics. New York : Chapman Hall: 415-428.

Claramunt C, Parent C, Thériault M. 1998. Design patterns for spatio-temporal processes//Data Mining and Reverse Engineering. Boston, MA: Springer: 455-475.

Claramunt C, Theriault M. 1996. Toward semantics for modelling spatio-temporal processes within GIS. Advances in GIS II, 47-64.

Cova T J, Goodchild M F. 2002. Extending geographical representation to include fields of spatial objects. International Journal of Geographical Information Science, 16(6): 509-532.

Ding Y, Xu Z, Zhu Q, et al. 2022. Integrated data-model-knowledge representation for natural resource entities. International Journal of Digital Earth, 15(1): 653-678.

Dodge S, Weibel R, Ahearn S C, et al. 2016. Analysis of movement data. International Journal of Geographical Information Science, 30(5): 825-834.

Ferreira L N, Vega-Oliveros D A, Cotacallapa M, et al. 2020. Spatiotemporal data analysis with chronological networks. Nature Communications, 11(1): 1-11.

Gong J, Geng J, Chen Z. 2015. Real-time GIS data model and sensor web service platform for environmental data management. International Journal of Health Geographics, 14(1): 1-13.

Goodchild M F. 2004. GIScience, geography, form, and process. Annals of the Association of American Geographers, 94(4): 709-714.

Goodchild M F. 2009. Field-based spatial modeling//Liu L, Ozsu M T. Encyclopedia of Database Systems. Berlin: Springer: 1132-1138.

Hallot P, Billen R. 2016. Enhancing spatio-temporal identity: States of existence and presence. ISPRS International Journal of Geo-Information, 5(5): 62.

Hamdani Y, Thibaud R, Claramunt C. 2021. A hybrid data model for dynamic GIS: Application to marine geomorphological dynamics. International Journal of Geographical Information Science, 35(8): 1475-1499.

He Y, Sheng Y, Hofer B, et al. 2022. Processes and events in the centre: A dynamic data model for representing spatial change. International Journal of Digital Earth, 15(1): 276-295.

He Z, Deng M, Cai J, et al. 2020. Mining spatiotemporal association patterns from complex geographic phenomena. International Journal of Geographical Information Science, 34(6): 1162-1187.

Hofer B, Frank A U. 2009. Composing models of geographic physical processes // International Conference on Spatial Information Theory. Berlin, Heidelberg: Springer: 421-435.

Hornsby K, Egenhofer M J. 2000. Identity-based change: A foundation for spatio-temporal knowledge representation. International Journal of Geographical Information Science, 14(3): 207-224.

Jiang B, Zhang X, Huang X, et al. 2014. A spatio-temporal process data model for characterizing marine disasters // IOP Conference Series: Earth and Environmental Science. IOP Publishing, 18(1): 012063.

Jin P, Yue L, Gong Y. 2007. Design and implementation of a unified spatio-temporal data model//Advances in Spatio-Temporal Analysis. Boca Raton: CRC Press: 79-88.

Karssenberg D, Schmitz O, Salamon P, et al. 2010. A software framework for construction of process-based stochastic spatio-temporal models and data assimilation. Environmental Modelling & Software, 25(4): 489-502.

Kjenstad K. 2006. On the integration of object-based models and field-based models in GIS. International Journal of Geographical Information Science, 20(5): 491-509.

Kwan M P, Neutens T. 2014. Space-time research in GIScience. International Journal of Geographical Information Science, 28(5): 851-854.

Langran G, Chrisman N R. 1988. A framework for temporal geographic information. Cartographica the International Journal for Geographic Information and Geovisualization, 25(3): 1-14.

Langran G. 1992. Time in Geographic Information System. London: Taylor & Francis.

LcmosDias T, Câmara G, Fonseca F, et al. 2004. Bottom-up development of process-based ontologies//Geographic Information Science: Third International Conference (GIScience 2004). Berlin: Springer Lecture Notes in Computer Science: 64-67.

Li L, Xu Y, Xue C, et al. 2021. A process-oriented approach to identify evolutions of sea surface temperature anomalies with a time-series of a raster dataset. ISPRS International Journal of Geo-Information, 10: 500.

Li L, Xue C, Liu J, et al. 2014. Raster-based visualization of abnormal association patterns in marine environments. Journal of Applied Remote Sensing, 8(1): 083615.

Li L, Xue C, Xu Y, et al. 2022. PoSDMS: A mining system for oceanic dynamics with time series of raster-formatted datasets. Remote Sens, 14: 2991.

Li W, Yang C, Nebert D, et al. 2011. Semantic-based web service discovery and chaining for building an Arctic spatial data infrastructure. Computers & Geosciences, 37(11): 1752-1762.

Li X, Yang J, Guan X, et al. 2014. An Event-driven Spatiotemporal Data Model (E-ST) supporting dynamic expression and simulation of geographic processes. Transactions in GIS, 18: 76-96.

Liu J, Xue C, Dong Q, et al. 2019. A process-oriented spatiotemporal clustering method for complex trajectories of dynamic geographic phenomena. IEEE Access, 7: 155951-155964.

Locarnini R A, Mishonov A V, Antonov J I, et al. 2013. World Ocean Atlas 2013, volume 1: Temperature// Levitus S, Mishonov Technical A. NOAA Atlas NESDIS 73: 40.

Manley T O, Tallet J A. 1990. Volumetric visualization: An effective use of GIS technology in the field of oceanography. Oceanography, 3(1): 23-29.

Mchlntosh J, Yuan M. 2005. Assessing similarity of geographic processes and events. Transaction in GIS, 9(2): 223-245.

Mondo G D, Rodríguez M A, Claramunt C, et al. 2013. Modeling consistency of spatio-temporal graphs. Data & Knowledge Engineering, 84: 59-80.

Nixon V, Hornsby K S. 2010. Using geolifespans to model dynamic geographic domains. International Journal of Geographical Information Science, 24(9): 1289-1308.

Paul A L, Goodchild M F, Maguire D J, et al. 2005. Geographic Information Systems and Science. New York: Wiley.

Peuquet D J, Duan N. 1995. An event-based spatiotemporal data model (ESTDM) for temporal analysis of geographical data. International Journal of Geographical Information Systems, 9: 7-24.

Peuquet D J. 1994. It's about time: A conceptual framework for the representation of temporal dynamics in geographic information systems. Annals of the Association of American Geographers, 84(3): 441-446.

Rahimi S, Moore A B, Whigham P A. 2021. Beyond objects in space-time: Towards a movement analysis framework with 'How' and 'Why' elements. ISPRS International Journal of

Geo-Information, 10(3): 190.

Rapper J, Livingstone D. 1995. Development of a geo-morphological spatial model using object-oriented design. International Journal of Geographical InformationSystems, 9 (4): 359-384.

Reitsma F, Albrecht J. 2005. Implementing a new data model for simulating processes. International Journal of Geographical Information Science, 10 (19): 1073-1090.

Richardson D B. 2013. Real-time space-time integration in GIScience and geography: Space-time integration in geography and GIScience. Annals of the Association of American Geographers, 103(5): 1062-1071.

Robinson I, Webber J, Eifrem E. 2015. Graph Database (2nd edition). Sebastopol: O'Reilly Media, Inc.

Siabato W, Claramunt C, Ilarri S, et al. 2018. A survey of modelling trends in temporal GIS. ACM Computing Surveys (CSUR), 51(2): 1-41.

Su F, Zhou C, Lyne V, et al. 2004. A data-mining approach to determine the spatio-temporal relationship between environmental factors and fish distribution. Ecological Modelling, 174(4): 421-431.

Thibaud R, Mondo G D, Garlan T, et al. 2013. A spatio-temporal graph model for marine dune dynamics analysis and representation. Transactions in GIS, 17(5): 742-762.

Worboys M F. 1992. A model for spatio-temporal information. Proceedings: the 5th International Symposium on Spatial Data Handling, 2: 602-611.

Worboys M F. 1994a. Unifying the spatial and temporal components of geographical information // Advances in Geographic Information Systems. Edinburgh: Proceedings of theInternational Symposium on Spatial Data Handling Information Symposium on Spatial Data Handling: 505-517.

Worboys M F. 1994b. A unified Model for spatial and temporal information. The Computer Journal, 37(1): 26-34.

Worboys M F. 2005. Event-oriented approaches to geographic phenomena. International Journal of Geographical Information Science, 19(1): 1-28.

Wright D J, Blongewicz M J, Halpin P N, et al. 2007. Arc Marine: GIS for a Blue Planet. Redlands: ESRI, Inc.

Xue C, Dong Q, Li X, et al. 2015b. A remote-sensing-driven system for mining marine spatiotemporal association patterns. Remote Sens. 7, 9149-9165. https://doi.org/10.3390/rs70709149.

Xue C, Dong Q, Qin L. 2015a. A cluster-based method for marine sensitive object extraction and representation. Journal of Ocean University of China, 14(4): 612-620.

Xue C, Dong Q, Xie J. 2012. Marine spatio-temporal process semantics and its applications-taking the El Niño Southern Oscilation process and Chinese rainfall anomaly as an example. Acta Oceanologica Sinica, 31(2): 16-24.

Xue C, Liu J, Yang G, Wu C. 2019b. A process-oriented method for tracking rainstorms with a time-series of raster datasets. Applied Sciences, 9: 2468.

Xue C, Song W, Qin L, et al. 2015c. A spatiotemporal mining framework for abnormal association patterns in marine environments with a time series of remote sensing images. International Journal of Applied Earth Observations and Geoinformation, 38: 105-114.

Xue C, Wu C, Liu J, et al. 2019a. A novel process-oriented graph storage for dynamic geographic phenomena. ISPRS International Journal of Geo-Information, 8(2): 100.

Xue C, Xu Y, He Y. 2022. A global process-oriented sea surface temperature anomaly dataset retrieved from remote sensing products. Big Earth Data, 6(2): 179-195.

Yi J, Du Y, Liang F, et al. 2014. A representation framework for studying spatiotemporal changes and interactions of dynamic geographic phenomena. International Journal of Geographical Information Science, 28(5): 1010-1027.

Yu M, Yang C, Jin B. 2018. A framework for natural phenomena movement tracking-Using 4D dust simulation as an example. Computers & Geosciences, 121: 53-66.

Yu M. 2020. A graph-based spatiotemporal data framework for 4D natural phenomena representation and quantification-an example of dust events. ISPRS International Journal of Geo-Information, 9(2): 127.

Yuan M, Mark D M, Egenhofer M J, et al. 2004. Extensions to geographic representations. A Research Agenda for Geographic Information Science, 129-156.

Yuan M, Mcintosh J. 2003. GIS representation for visualizing and mining geographic dynamics. Transactions in GIS, 2(3): 3-10.

Yuan M. 1994. Representation of Wildfire in Geographic Information Systems. Buffalo: State University of New York at Buffalo.

Yuan M. 1996. GIS data schemata for spatiotemporal information. Santa Fe: Proceedings of Third International Conference Workshop on Integrating GIS and Environment Modeling.

Yuan M. 1999. Use of a Three-Domain Representation to enhance GIS support for complex spatiotemporal queries. Transaction in GIS, 3(2): 137-159.

Yuan M. 2001. Representing complex geographic phenomena in GIS. Cartography and Geographic Information Science, 28(2): 83-96.

Zhang D, Zhou C, Su F, et al. 2012. A physical impulse-based approach to evaluate the exploitative intensity of Bay-A case study of Daya Bay in China. Ocean & Coastal Management, 69: 151-159.

Zhou C, Su F, Pei T, et al. 2020. COVID-19: Challenges to GIS with big data. Geography and Sustainability, 1(1): 77-87.

Zhu R, Guilbert E, Wong M S. 2017. Object-oriented tracking of the dynamic behavior of urban heat islands. International Journal of Geographical Information Science, 31(2): 405-424.

Zhu X, Liu H, Xu Q, et al. 2021. Advances in an Event-Based Spatiotemporal Data Modeling. Scientific Programming, Article ID 3532845, 9 pages. https://doi.org/10.1155/2021/3532845.

第 2 章

海洋时空动态建模需求

本章导读

• 海洋动态变化在空间上具有连续分布特征，在时间上具有持续演变特征，如中尺度涡旋、海洋环境异常变化等，这种动态变化与陆地上的动态变化存在本质差异。

• 卫星遥感、航空遥感、Argo(array for real-time geostrophic oceanography)浮标、潜标、岸基观测站等综合对地观测技术为开展海洋时空动态分析提供了数据基础，但以离散时空理论建立的场、对象(特征)、场对象和时空场数据模型，难以满足海洋连续动态变化建模和时空分析的需求。

• 本章首先分析了海洋时空变化的动态特性，介绍了目前海洋 GIS 的基本表达模型和数据组织结构，阐述了海洋时空动态建模的需求，提出了以演变尺度为基本单元的海洋时空建模的思想及涉及的关键问题。

2.1 海洋数据特性

2.1.1 空间上的连续分布

海洋现象或对象在空间上是一个连续分布函数，没有一个明确的边界，如海洋涡旋、海洋锋、海洋异常变化等(苏奋振, 2003)。海洋对象通过海洋环境要素呈现，如基于海洋表面温度的涡旋或基于海面高度异常的涡旋、基于海洋表面温度的海洋锋或基于海洋表面叶绿素 a 浓度的海洋锋等。传统的海洋 GIS 表达主要采用对象模型进行，如把海洋锋表达为线特征(薛存金等, 2007)，如图 2-1 所示。海洋对象模型把海洋对象表达为一个确切边界的线/面对象，一方面丢失了对象的边界信息，另一方面也难以刻画海洋对象在空间上的变化分布。海洋对象在空间上的连续分布要求海洋 GIS 数据模型兼顾海洋对象表达的完整性(对象特征)和海洋对象空间分布的差异性(场特征)(Xue et al., 2015)。

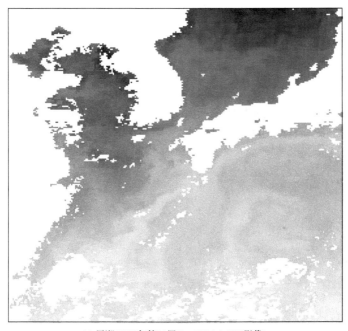

(a) 黑潮(2002年第19周9km NOAA SST影像)

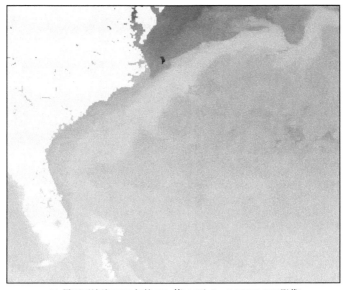

(b) 墨西哥湾流(2003年第129~第137天 4km MODIS SST影像)

图 2-1　海洋对象在空间上的连续分布

2.1.2 时间上的持续变化

海洋环境变化在时间维度上具有持续变化特征。在海洋时空分析过程中，海洋对象上一时刻的空间、属性特性与下一时刻的空间、属性特性具有明显差异，但又存在内在联系。图 2-2 显示的海洋异常变化对象，上一时刻与下一时刻对象的中心、边界、面积、强度等都会发生变化，而且每个要素特征的变化都具有时态前后的连续性，且每一特征对海洋异常变化对象的时空分析都至关重要(薛存金等, 2022)。因此，海洋 GIS 数据模型既要考虑海洋对象在空间上的分布特征，也要考虑空间特征在时间上的持续变化。

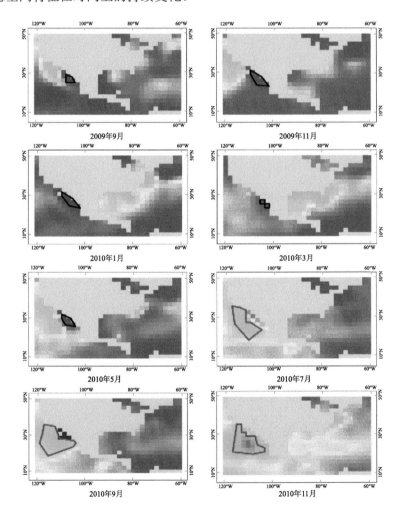

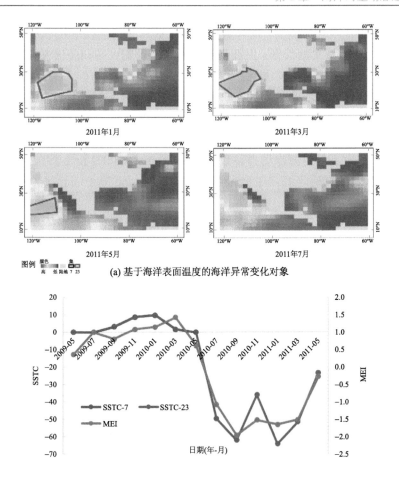

(a) 基于海洋表面温度的海洋异常变化对象

(b) 海洋异常变化对象的属性强度随时间的变化及与MEI指数①的对应关系

图 2-2　海洋异常变化对象在时间上的持续变化

2.2　海洋 GIS 基本表达模型

2.2.1　海洋数据源

综合对海观测技术(岸基、船基、航天航空遥感、浮标等)和基于大数据分析的数据重构技术的发展,多源异质的海洋数据呈井喷式发展,虽为海洋时空动态研究提供了数据基础,但海洋数据类型多样、数据结构和格式存在差异,也衍生

---

① MEI 指数,即 multivariate ENSO index,多变量 ENSO 指数。

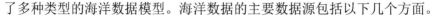

了多种类型的海洋数据模型。海洋数据的主要数据源包括以下几个方面。

(1)岸基、船基实测数据：主要基于岸基海洋观测台站和海洋调查船，如"雪龙号""东方红号"等，获取局部区域海洋动力参数：温、盐、密、流等和海洋生物光学参数：有机物浓度、无机物浓度、溶解盐、pH等(李立立, 2010)。

(2)航天航空遥感数据：主要包括海洋生物光学遥感、微波遥感、微波辐射计、散射计、高度计等，在全球和区域尺度上获取海洋表面温度、盐度、降雨、海浪、风场、流场、海面高度等海洋动力参数(Reynolds et al., 2002)和海表叶绿素a浓度、悬浮物浓度、黄色物质等海洋生物光学参数(Hooker and McClain, 2000; 李连伟等, 2021)。

(3)以Argo浮标为代表的各类浮标数据：Argo是目前唯一立体观测全球上层海洋的实时观测系统(陈大可等, 2008)，可在全球范围内监测2000 m以上海洋上层的温度、盐度、pH、溶解氧、氮等环境要素(Riser et al., 2016; 刘增宏等, 2016)，以及派生的海洋流场数据(Ollitrault and Rannou, 2013; Xie and Zhu, 2009)。

(4)海洋数值模拟数据：该类数据是以现实海洋为基本物理背景，通过高性能计算建立数学模型，按照物理海洋规律对海洋状态进行定量化模拟，形成的海洋环境参数数据集(包括海温、盐度、海流、海浪、潮汐等要素)。典型的海洋数值模拟数据集有：三维斜压原始方程数值海洋模式数据(Princeton Ocean Model, POM)、非结构化格网的有限体海岸带海洋模式数据(Finite-Volume Coastal Ocean Model, FVCOM)、三维斜压陆架海模式数据(Hamburg Shelf Ocean Model, HAMSOM)、混合海洋模式数据集(Hybrid Coordinate Ocean Mode, HYCOM)、区域海洋模式数据(Regional Ocean Model System, ROMS)、单一海洋资料同化数据(Simple Ocean Data Assimilation, SODA)等。

(5)海洋再分析数据：该类数据基于机器学习、深度学习等大数据重构、数据同化等技术对海洋遥感或实测数据进行重构，形成全球或区域范围内的海洋环境要素数据集，如世界海洋数据集(World Ocean Altas, WOA18)(Garcia et al., 2019)、国际综合海洋大气数据集(International Comprehensive Ocean-Atmosphere Data Set, ICOADS)(Freeman et al., 2017)、高分辨率多卫星联合反演降雨数据集(Integrated Multi-satellite Retrievals for GPM, IMERG)(https://gpm.nasa.gov/data/directory)、AVISO提供的海面高度数据集(http://www.aviso.oceanobs.com/duacs)等。

2.2.2 海洋数据类型

1. 点状数据

点状数据主要有Argo浮标、岸基海洋观测台站站点、海上测量等观测手段获取到的离散观测数据，根据离散点的空间分布和时间序列，点状数据可进一步细分为以下四类。

(1) 无纵深，无时间序列的测点。

(2) 无纵深，有时间序列的测点。

(3) 有纵深，无时间序列的测点。

(4) 有纵深，有时间序列的测点。

2. 线状数据

线状数据是指由离散点观测数据聚合而成的数据，主要来源于 Argo 浮标、岸基海洋观测台站站点、海上测量等观测手段，如一条水深的测线数据。

根据线上各点属性值是否相同，线状数据可进一步细分为以下两类。

(1) 同质线数据：线的属性值各点一致，如海岸线，其属性在线上任意点相同。

(2) 异质线数据：线的属性值各点不一致，如海洋锋，其强度信息在线上每一点均存在差异。

3. 面状数据

面状数据一部分是由一系列的观测点数据聚合而成的，主要来源于 Argo 浮标、岸基海洋观测台站站点、海上测量等观测手段；另一部分则是来源于卫星遥感、数值分析产品和数字化的基础地图数据，以用于表达空间区域特性。

根据面上各点属性值是否相同，面状数据可进一步细分为以下两类。

(1) 同质面数据：面上属性值不随空间位置发生变化，即面上任何一点具有相同的空间属性。

(2) 异质面数据：面上属性值随空间位置发生变化，即面上任何一点具有不同的空间属性。

4. 体状数据

海洋体状数据即海洋立体观测数据，由海洋点观测、线观测和面观测构成，主要来源于 Argo 浮标、岸基海洋观测台站站点、海上测量等观测手段。由于存在一定的深度层，卫星遥感数据很难发挥作用，但数值分析产品可构成面状体数据，如不同深度层上的海水温度、盐度等。

根据体上属性是否一致，体状数据可细分为以下两类。

(1) 同质体数据：体上属性一致，如为追踪海洋涡旋的空间移动轨迹，涡旋可以理解为同质体数据，其体上的属性不变。

(2) 异质体数据：体上属性不一致，如为分析海洋涡旋的强度与周围海洋环

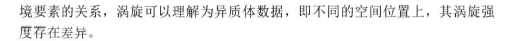

境要素的关系，涡旋可以理解为异质体数据，即不同的空间位置上，其涡旋强度存在差异。

5. 场数据

场是相对于点、线、面和体之外的另一种数据类型，可用于表达海洋要素随空间位置的变化。鉴于海洋环境要素的连续变化特性和综合对地观测技术的发展，在海洋领域海洋场将成为一种更为广泛应用的数据类型。

根据海洋场表达要素的性质，海洋场类型可分为以下两类。

(1)海洋标量场：用于表达大小、多少、高低的概念，而不具备方向性。海洋环境要素的空间场大多数是标量场，如海洋表面温度构成海面空间的二维标量场、Levitus 数据集中的海水密度数值产品构成空间的三维标量场。这类数据主要来源于卫星遥感、数值分析和数字化的基础地图。

(2)海洋矢量场：用于表达具有方向性的大小、多少、高低的海洋环境要素，如海表流场、海面风场等。这类数据主要来源于数值分析和数字化的基础地图。

6. 过程数据

过程是一种抽象的数据类型，与现实中的海洋环境要素或现象不存在对应关系。过程语义不仅包括空间实体、空间结构、空间关系、时间类型、时间关系与时间结构，更重要的是包括时间与空间的统一集成框架及在统一集成框架下的时空结构、时空类型与时空关系。

根据基础数据类型的不同，海洋过程可细分为以下五类。

(1)点过程：具有点状特性的现象或实体在生命周期范围内连续渐变的演变序列，其点空间位置与物理属性时刻都在发生变化，如水团核心、涡旋中心的移动变化轨迹等。

(2)线过程：具有线状特性的现象或实体在生命周期范围内连续渐变的演变序列，其线空间位置与物理属性时刻都在发生变化，如海洋锋的生消演变。

(3)面过程：具有面状特性的现象或实体在生命周期范围内连续渐变的演变序列，其面上的空间位置与物理属性时刻都在发生变化，如涡旋在二维空间上的生消演变。

(4)体过程：具有体状特性的现象或实体在生命周期范围内连续渐变的演变序列，其体上的空间位置与物理属性时刻都在发生变化，如涡旋在三维空间上的生消演变。

(5)场过程：海洋环境要素场在特定时间范围内连续渐变的演变序列，其物理属性随空间位置与时间都在发生变化，如某区域的海表温度、海表盐度随时间的动态变化。

2.2.3　海洋场模型

海洋场为海洋环境要素的空间分布，即海洋数据的场分布。海洋场是海洋环境要素在空间上的分布函数，如海表温度场、海表盐度场等，因此海洋场模型采用海洋环境要素的空间函数表达。例如，仇天宇等(2003)提出格网化海洋场模型。然而，海洋现象是海洋环境要素的特殊空间和时间分布规律的总称，在特定的时间周期内或某时刻上一般基于明确的边界范围，限制了场模型的应用。

2.2.4　海洋对象/特征模型

对象/特征是对现实世界中现象的高度概括和抽象，是 GIS 的基本表达和存储单元。GIS 中的对象具有明确的边界范围和唯一的对象标识，且具有共同的属性和特征类型。海洋 GIS 中对象模型在进行描述和表达典型海洋现象时具有很大的应用潜力，如薛存金等(2007)提出线特征模型来进行海洋锋的表达与分析。海洋对象模型采用对象的思想对海洋现象进行表达，易于实现海洋现象的各种分析，但对象限制了海洋现象的空间和时间的连续变化特性。

2.2.5　海洋场对象模型

海洋场对象具备海洋连续场和离散对象的双重特征，因此场对象模型的本质是集成海洋场模型和海洋对象模型的优势，海洋场模型实现海洋现象在空间上的连续分布，对象模型实现海洋现象的存储和分析(邵全勤, 2001; Xue et al., 2015)。Xue 等(2015)针对海洋环境要素的时空变化特征，提出了海洋三元组场对象模型 $<O, A, F>$。

(1) O 为海洋对象：特定空间区域的海洋环境要素，对象载体可用为点、线、面等；

(2) A 为海洋对象的属性信息：海洋环境要素的属性信息，如海表温度、海表盐度等；

(3) F 为海洋对象的属性信息在空间上的分布函数。

图 2-3 展示了基于 $<O,A,F>$ 模型表达的海表温度异常变化对象的空间分布特征及其随时间的演变。从图 2-3 中可以看出，场对象模型建立的海表温度异常变化对象不仅很好地反映了海洋环境要素在时间序列的变化特征，也客观地展示了海洋环境要素在空间上的变化信息。

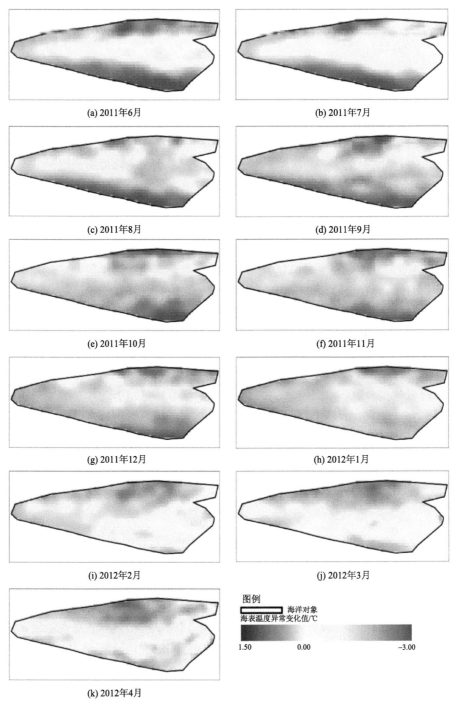

图 2-3　海表温度异常变化对象的空间分布特征及在 La Niña 过程中的时空变化

2.3 海洋动态特性与 GIS 组织结构

2.3.1 时空一体性及 GIS 数据组织

1. 时空一体性

海洋现象处于三维动态中，不仅其空间信息随时间发生变化，而且其属性信息也随时间发生变化，即海洋现象是空间、时间及属性信息的统一体。从时空本质上分析，属性信息存在于海洋现象的时空统一框架下，因此在进行海洋现象分析时，应该同时考虑海洋现象的时空信息。然而，目前的海洋分析方法要么隔离空间维在时间维上分析海洋现象，要么隔离时间维在空间维上分析海洋现象，如目前常用的剖面分析、断面分析、时间序列分析等海洋分析方法。无法在时空统一框架体系下对海洋现象进行时空分析的主要原因是缺乏科学地进行时空数据表达、组织与存储的理论与方法。

传统 GIS 的数据组织思想是把空间信息与属性信息结合起来，很少考虑时态信息。因而，在此基础上产生的数据库系统主要是基于关系理论的关系数据库。由于在海洋现象的分析过程中，海洋现象的时态信息至关重要，故底层的数据库系统必须引入海洋现象的时态信息。在传统的关系数据库中引入时态信息，不仅使数据库系统变得异常复杂，而且使时空信息的检索变得几乎不可能，尤其是对时刻都在发生变化的海洋现象。面向对象技术的发展及在 GIS 领域中的应用，使得运用该技术的相关理论和方法对时空一体的海洋现象进行 GIS 的组织与表达成为可能。

2. 面向对象技术与时空组织

面向对象技术中的"对象"是一个抽象概念，基于类的基本建模思想。GIS数据表达与组织中对象具有以下特性：①对象是数据模型和数据结构组织与表达中最基本的单元；②对象具有唯一标识(OID)，在一个系统中对象与标识符一一对应；③类是对象的具体实现，描述对象的空间、时间、属性、功能及其关系，用以对象的实例化；④对象与对象间通过功能关联，构建相互关联的地理世界。

利用面向对象技术不仅能够把对象的空间、时间和属性信息放在统一的框架下描述与表达，而且也能够实现对对象的相关操作功能，这是关系理论无法实现的。目前，许多学者采用面向对象技术对时空数据的描述与表达进行探讨(Worboys, 1994; 龚健雅, 1997; 吴立新等, 2005)，面向对象技术的时空数据描述与表达可归纳为六元组模式。

<Object:{OID,Space(x, y, z, t),Attributes(a, t),Time(ts, te),Functions, Others}>

Object：时空对象，可以是点、线、面、体、简单对象或复杂对象。

OID：时空对象的唯一标识符。

Space：时空对象空间信息(x, y, z)描述及其随时间t变化的空间特性描述。

Attributes：时空对象属性信息(a)描述及其随时间t变化的属性信息。

Time：对象的时态性描述，记录对象的产生、演变、消亡的生命历程。

Functions：对象的行为操作描述，定义对象的空间、时间和属性的各种运算操作，实现同类对象或不同类对象之间的相互联系。

Others：对时空对象的其他信息的辅助说明，如对象的完整性约束等。

基于时空对象的六元组不仅能够实现海洋现象的空间、时间和属性的统一描述与表达，而且能够进一步描述海洋现象及其空间与属性的变化，如图2-4所示。把时空操作作用于对象实例，可以刻画对象的变化；作用于空间信息，可以刻画对象的空间信息变化；作用于属性信息，可以刻画对象的属性信息变化。把时态信息与时空操作结合起来作用于对象实例，可以刻画对象的历史演变过程；作用于空间信息，可以刻画对象的空间信息变化历程；作用于属性信息，可以刻画对象的属性信息变化历程。

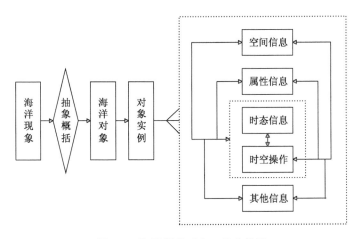

图 2-4　海洋现象时空一体化描述

2.3.2　时空动态演变及 GIS 数据组织

海洋现象是时刻发生变化的(仇天宇等, 2003)，且变化程度剧烈。不仅如此，海洋现象的动态变化是渐变连续的，即海洋现象的变化是逐渐产生和消失的，这与陆地上的瞬时变化存在明显差异(苏奋振, 2003; Xue et al., 2012)，如中尺度涡旋

(Du et al., 2014; 秦丽娟等, 2015; Yi et al., 2017)、海洋环境异常变化(李晓红等, 2016; 洪娅岚等, 2019; Li et al., 2021)等。因此，连续动态数据对 GIS 的描述、表达与存储提出了更高的要求。尽管地理时空动态数据模型得到广泛关注，并取得系列成果(邬群勇等, 2016; Siabato et al., 2018)，但到目前为止还没有适宜的数据模型实现连续动态对象的描述、表达与存储(Huang et al., 2019)。近年来，以事件为核心(Peuquet and Duan, 1995; 孟令奎等, 2003; Li et al., 2014; He et al., 2022)、以过程为核心(Reitsma and Albrecht, 2005; 苏奋振和周成虎, 2006; Xue et al., 2019)的动态数据的组织结构受到国内外的普遍关注，也为高速变化的连续的海洋对象表达与组织提供了新的研究思路。

1. 动态性及变化的连续性

海洋现象的动态性与陆地上的动态性存在明显差异，主要区别如下：①海洋现象的动态性要比陆地上的动态性变化更加剧烈，可以说是"高速"动态。②海洋现象的变化是连续渐变的，陆地上的变化通常是瞬间的。海洋现象的变化是渐变的过程，是逐渐发生的，其有产生、发展和消亡的过程，而陆地上的变化是事件性的，事件一旦发生，则变化完成。③海洋现象的动态性往往涉及全局变化，具有很强的关联性；而陆地上的动态性一般不涉及全局动态，只是局部的信息变化，全局信息间的关联性较弱。④海洋现象的动态性及变化的连续性具有时空过程特性。海洋现象的动态连续性不仅表现在空间上，而且也表现在属性上。在海洋现象分析过程中，海洋现象上一时刻的空间、属性特性与下一时刻的空间、属性特性存在明显差异，但又具有内在联系，如涡旋，上一时刻与下一时刻涡旋的中心、边界、面积、涡度等都会发生变化，每个要素的变化都具有时态前后的连续性，且每个要素对涡旋的时空分析都至关重要。

传统的 GIS 时空数据结构与时空数据模型都是针对陆地动态特性设计的，而海洋现象的动态性及变化的连续性与陆地动态性的差异，使海洋现象的 GIS 组织与表达更为困难。因而，动态连续变化的海洋现象的 GIS 组织与表达亟须新的理论与方法支撑。

2. 海洋现象的过程组织

海洋现象的动态性及变化的连续性具有明显的过程特性，且以事件为核心和以过程为核心作为动态数据组织与表达的思想受到越来越多的重视。基于此，本书主要讨论以过程为核心进行海洋动态数据的组织与表达。

海洋现象动态变化的连续性与 GIS 的离散存储存在内在矛盾，因而对海洋现象进行动态组织前必须进行时态离散化。海洋现象时态信息的离散化需要考虑海洋现象的时间尺度问题：离散化的时间尺度过大，会使大量的海洋信息丢失；离散化的时间尺度过小，会造成大量的存储冗余。因而，适宜的时间尺度的确定对于海洋动态现象的存储至关重要，同时也是 GIS 理论存储表达研究的核心内容。

海洋现象的过程特性也为海洋对象的离散化提供了方便。任何一个过程通常具有产生、发展、成熟、消退和消亡阶段，每一个演变阶段可以采用一个或多个演变序列表达（Xue et al., 2012），因而，海洋对象的离散化可以以此为基础，然后根据具体的应用需要，进行时空插值或时空聚合来缩小或扩大时间尺度，从而实现动态连续现象的 GIS 组织。

以过程为核心的海洋对象的 GIS 组织采用十元组表达。

<Process:{PID,PType, {ProductID, ExpandID, StableID, ShrinkID, DestroyID}, PTime（ts, te）,PFunctions,PConstraints}>

Process：海洋对象过程。

PID：海洋对象过程的唯一标识符。

PType：海洋对象过程类型。过程类型分为简单过程和复杂过程，复杂过程是简单过程的复合。

ProductID, ExpandID, StableID, ShrinkID, DestroyID：海洋对象过程内部的子过程，分别为海洋过程的产生子过程、扩展子过程、成熟稳定子过程、消减子过程和消亡子过程的唯一标识符，它们共同构成海洋对象过程。

PTime（ts, te）：海洋对象过程的生命周期，用来刻画海洋对象产生和消亡的时态信息。

PFunctions：海洋对象过程操作，用来描述与刻画海洋过程内部分裂、合并、产生、消亡等及海洋过程之间的关联等。

PConstraints：海洋过程的约束条件。

海洋对象过程内部的子过程 ProductID、ExpandID、StableID、ShrinkID、DestroyID 具有相同的内部结构，采用五元组表达。

<SubProcess:{SPID,Space（x, y, z, t）,Attributes（a, t）,Time（ts, te）,<Pre, Nest>}>

SubProcess：海洋对象过程的子过程，包括产生子过程、扩展子过程、成熟稳定子过程、消减子过程和消亡子过程。

SPID：海洋对象子过程的唯一标识符。

Space：海洋对象子过程的空间信息（x, y, z）描述及其随时间 t 变化的空间特性描述。

Attributes：海洋对象子过程的属性信息（a）描述及其随时间 t 变化的非空间属性描述。

Time：海洋对象子过程的时态性描述，可记录子过程的生命周期。

<Pre, Nest>：海洋对象子过程中上一子过程与下一子过程的指针，当 SPID 为 ProductID 时，Pre 指向 NULL，Nest 指向 ExpandID；当 SPID 为 DestroyID 时，Pre 指向 ShrinkID，Nest 指向 NULL，以用来刻画过程间的内在联系。

2.4　海洋时空动态建模的需求

2.4.1　建模需求分析

海洋现象不仅具有时空一体性与动态性及变化的连续性，也具有空间三维性与属性多维性(冯士筰等, 2001; 李凤岐和宋育嵩, 2001)及边界的不确定性和渐变性(苏奋振, 2003; Xue et al., 2008)，这些特性在 GIS 组织表达前必须综合考虑。

针对海洋现象的空间三维性与属性多维性，采用栅格层次模型来实现海洋对象的分层存储与表达；

针对海洋现象边界的不确定性与渐变性，采用粗模糊集理论与集合思想对海洋现象状态进行基于栅格的表达；

针对海洋现象的时空一体性，采用面向对象技术实现空间、属性和时态信息的一体化描述与表达；

针对海洋现象的动态性及变化的连续性，可在连续的时间段内，以过程为对象对海洋现象进行过程化组织。

然而，海洋现象的各种特性并不是孤立存在的，各种特性之间相互影响，共同构成了海洋现象的时空过程特性。因而，在进行海洋现象的 GIS 描述表达之前，必须综合考虑各种特性，探讨统一的描述组织框架。

2.4.2　总体建模框架

鉴于海洋现象、数据的复杂性，从底层的海洋现象到顶层的海洋过程对象，面向过程的海洋时空数据组织与表达框架应采用分层的思想，集成海洋对象集、海洋算法集和海洋时空语义，实现海洋数据的一体化建模，如图 2-5 所示。在底层首先采用粗集理论与集合思想对空间与属性信息的不确定性和渐变性进行表达，根据海洋对象、场和场对象的概念与语义，形成模糊海洋对象；其次，采用栅格分层模型对模糊海洋对象的空间信息和属性信息进行组织；最后，采用面向对象技术对海洋对象的空间、属性、时态及功能进行一体化表达。在上层，建立海洋过程与海洋对象之间的语义抽象与包含的关系，实现各个时刻的海洋对象向海洋过程的转换。

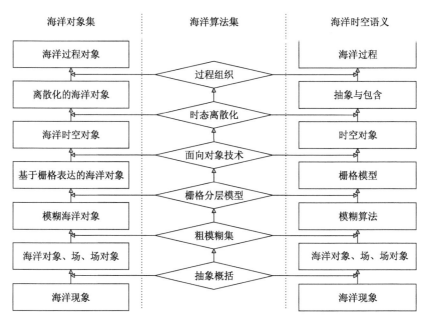

海洋对象集	海洋算法集	海洋时空语义
海洋过程对象		海洋过程
	过程组织	
离散化的海洋对象		抽象与包含
	时态离散化	
海洋时空对象		时空对象
	面向对象技术	
基于栅格表达的海洋对象		栅格模型
	栅格分层模型	
模糊海洋对象		模糊算法
	粗模糊集	
海洋对象、场、场对象		海洋对象、场、场对象
	抽象概括	
海洋现象		海洋现象

图 2-5　面向过程的海洋时空数据模型组织框架

2.4.3　建模设计思想

面向过程的海洋时空数据模型是针对连续变化的地理实体或现象设计的时空数据模型。该模型不仅要求实现时空语义的统一表达、存储数据冗余的减少、访问效率的高效等，还要求提供过程内部规律的揭示机制，支撑海洋时空动态分析。因此，面向过程的海洋时空数据模型设计时必须考虑以下几方面。

1. 海洋过程语义

语义是模型设计的基础，而模型的设计也必须科学地反映真实实体的语义关系。模型涉及的时空语义不仅包括空间实体、空间结构、空间关系、时间类型、时间关系与时间结构，更重要的是包括时间与空间的统一集成框架及在统一的集成框架下的时空结构、时空类型与时空关系。过程语义是过程模型设计的基础。过程在统一的框架体系下，集成空间、时间与属性，提供更丰富的动态语义。在过程内部不仅描述实体的演变序列，而且还刻画实体某一时刻的空间状态。在过程与过程间则需描述过程与过程间的时空关系。尽管以过程为核心的建模思想才刚刚起步（Reitsma and Albrecht, 2005；苏奋振和周成虎, 2006；薛存金等, 2010；Yi et al., 2014），但却为时空数据模型的构建提供了新的研究思路。

构建的海洋时空过程数据模型从语义角度不仅提供地理实体的时空动态语义，满足时空动态操作，而且支撑动态挖掘，满足地理实体过程内部及过程与过程间的各种操作，揭示地理实体的历史演变及趋势分析。

2. 海洋过程拓扑

拓扑关系是地理实体分析与操作的基础(Allen et al., 1995)，时空拓扑与过程拓扑是实体的动态与过程的操作及分析的前提。因而，构建的海洋时空过程数据模型的内部必须实现时空拓扑与过程拓扑或提供拓扑分析接口。

时空拓扑除表达空间实体的时变序列关系、某时刻的空间关系外，还能表达某时间段内实体的空间变化(薛存金和苏奋振, 2008)。而过程拓扑建立在时空拓扑的基础上，比时空拓扑更为复杂，可以用来刻画过程与过程间的时空关系。过程是地理实体或现象在整个生命周期(产生、发展、稳定、消退和消亡)的抽象。过程拓扑不仅要描述过程在整个生命周期的时空关系，还要描述过程的某一阶段与另一过程的某一阶段间的时空关系，因为后者具有更重要的科学意义和应用意义，如海洋锋的产生阶段、发展阶段、稳定阶段、消退阶段及消亡以后对周围渔场的影响分析比海洋锋的整个生命周期对周围渔场的影响分析更为重要(Su et al., 2004)，海洋表面温度异常变化演变序列的合并和分裂与 ENSO 事件的增强和减弱存在密切联系(Xue et al., 2019)。因而，构建的海洋时空过程数据模型不仅要考虑过程与过程间的关系，更要考虑过程内部与另一过程及过程内部间的时空关系。

3. 时空过程对象化

过程是实体或现象从产生到消亡整个生命周期历史演变的抽象，而时空过程数据模型则是对过程的描述、组织与存储。面向对象技术的完善及在系统设计中的广泛应用，为实体的对象化提供了理论方法。利用面向对象技术，过程可抽象为时空对象。实现过程对象化，可以为进一步的时空过程数据模型的构建奠定基础，是海洋时空过程数据模型构建的前提条件。

根据过程包含实体的个数，时空过程可分为简单时空过程与复杂时空过程。简单时空过程是指包括单一实体或现象的历史演变过程；而复杂时空过程则包括多个实体的历史演变序列或多个简单时空过程的序列。海洋领域的简单时空过程有海岸线的变迁、海洋锋的演变等；复杂时空过程有海洋锋与涡旋在整个生命周期内的历史演变等。无论是简单时空过程还是复杂时空过程，抽象为对象后必须具有唯一的对象标识，直至对象消亡。

4. 海洋过程操作

时空操作与过程操作也是时空数据模型设计的重要组成部分。传统的时空数据模型很难实现空间、时间、属性与时空的一体化操作。随着面向对象技术在数据模型构建中的应用，时空数据模型内部实现各种时空操作成为可能。利用面向对象技术，在时空数据模型内部实现时空操作与过程操作，具有以下特性。

(1)便于实现地理实体的时空分析与历史演变规律机制的探讨。时空与过程操作封装在模型内部，并具有唯一的对象标识，即各个对象的时空操作与过程操作并不完全相同。时空与过程的具体操作函数刻画了对象的演变机制，如合并、分裂、变形、扩张、缩小等刻画对象间及对象内部的演变规律。

(2)完善时空过程查询功能，提高时空过程查询效率。把过程操作集成于模型内部，除对象继承派生外，对象与时空操作具有一一对应关系，因而可以实现对对象整个生命周期内的空间属性查询、某个序列的空间属性查询、某个时刻的空间属性查询等。不仅如此，利用内部操作可简化外部查询语言，并能够在不同的时空数据库系统上进行移植。

基于此，构建的海洋时空过程数据模型，其内部应集成各种时空操作与过程操作。时空操作包括空间域上的操作、时间域上的操作、属性域上的操作与时空域的操作；过程操作包括子过程抽取、实体的历史演变、过程间及过程内部关系分析等。

2.5 本 章 小 结

综合对海观测技术和大数据分析技术提升了海洋数据的获取和处理能力，为开展多维、动态、时空连续变化的海洋数据提供了技术支撑。海洋数据源、数据类型和数据格式多样性也对海洋时空数据建模和时空动态分析提出了新的挑战。本章从时空变化的角度分析了海洋动态特性，简要阐述了海洋数据源、数据类型与对应的海洋 GIS 数据模型和数据结构，分析了海洋时空动态对海洋时空建模的需求，提出了以海洋演变过程为基本尺度，设计新的海洋时空建模表达和组织框架，包括海洋时空过程语义、过程关系、过程对象化和过程操作等。

主要参考文献

陈大可, 许建平, 马继瑞, 等. 2008. 全球实时海洋观测网(Argo)与上层海洋结构、变异及预测研究. 地球科学进展, 23(1): 1-7.

冯士筰, 李凤岐, 李少菁. 2001. 海洋科学导论. 北京:高等教育出版社.

龚健雅. 1997. GIS 中面向对象时空数据模型. 测绘学报, 26(4): 289-298.

洪娅岚, 薛存金, 刘敬, 等. 2019. 全球海洋初级生产力时空异常变化对 ENSO 事件的响应. 地球信息科学学报, 21(10): 1538-1549.

李凤岐, 宋育嵩. 2001. 海洋水团分析. 青岛:青岛海洋大学出版社.

李立立. 2010. 基于海洋台站和浮标的近海海洋观测系统现状与发展研究. 青岛: 中国海洋大学.

李连伟, 付宇轩, 薛存金, 等. 2021. 全球海洋表面叶绿素 a 浓度 20 年(1998–2018)月–季–年度数据集研发. 全球变化数据学报, 5(2):219-225.

李晓红, 闫金凤, 李溢龙, 等. 2016. 基于时序栅格的海洋异常事件提取方法. 地球信息科学学报, 18(4): 453-460.

刘增宏, 吴晓芬, 许建平, 等. 2016. 中国 Argo 海洋观测十五年. 地球科学进展, 31(5): 445-460.

孟令奎, 赵春宇, 林志勇, 等. 2003. 基于地理事件时变序列的时空数据模型研究与实现. 武汉大学学报(信息科学版), (2): 202-207.

秦丽娟, 董庆, 樊星, 等. 2015. 卫星高度计的北太平洋中尺度涡时空分析. 遥感学报, 19(5): 806-817.

邵全琴. 2001. 海洋 GIS 时空数据表达研究. 北京:中国科学院地理科学与资源研究所.

苏奋振, 周成虎. 2006. 过程地理信息系统框架基础与原型构建. 地理研究, 25(3): 477-484.

苏奋振. 2003. 海洋地理信息系统时空过程研究. 北京: 中国科学院地理科学与资源研究所.

邬群勇, 孙梅, 崔磊. 2016. 时空数据模型研究综述. 地球科学进展, 31(10): 1001-1011.

吴立新, 龚健雅, 徐磊, 等. 2005. 关于空间数据与空间数据模型的思考——中国 GIS 协会理论与方法研讨会（北京, 2004）总结与分析. 地理信息世界, 3(2): 41-46.

薛存金, 苏奋振, 何亚文. 2022. 过程——一种地理时空动态分析的新视角. 地球科学进展, 37(1): 65-79.

薛存金, 苏奋振, 周成虎. 2007. 基于特征的海洋锋线过程时空数据模型分析与应用. 地球信息科学, (5): 50-56.

薛存金, 苏奋振. 2008. 基于笛卡尔运算的时空拓扑关系研究. 计算机工程与应用, (21): 20-24.

薛存金, 周成虎, 苏奋振, 等. 2010. 面向过程的时空数据模型研究. 测绘学报, 39(1): 95-101.

仉天宇, 周成虎, 邵全琴. 2003. 海洋 GIS 数据模型与结构. 地球信息科学, 5(4): 25-29.

Allen E, Edwards G, Bédard Y. 1995. Qualitative causal modeling in temporal GIS // International Conference on Spatial Information Theory. Berlin, Heidelberg: Springer: 397-412.

Du Y, Yi J, Wu D, et al. 2014. Mesoscale oceanic eddies in the South China Sea from 1992 to 2012: Evolution processes and statistical analysis. Acta Oceanologica Sinica, 33(11): 36-47.

Freeman E, Woodruff S D, Worley S J, et al. 2017. ICOADS Release 3.0: A major update to the historical marine climate record. International Journal of Climatology, 37: 2211-2237.

Garcia H E, Boyer T P, Baranova O K, et al. 2019. World Ocean Atlas 2018: Product Documentation. A. Mishonov, Technical Editor.

He Y, Sheng Y, Hofer B, et al. 2022. Processes and events in the centre: A dynamic data model for representing spatial change. International Journal of Digital Earth, 15(1): 276-295.

Hooker S B, McClain C R. 2000. The calibration and validation of SeaWiFS data. Progress In Oceanography, 45(3-4): 427-465.

Huang Y, Yuan M, Sheng Y, et al. 2019. Using geographic ontologies and geo-characterization to represent geographic scenarios. ISPRS International Journal of Geo-Information, 8(12): 566.

Li L, Xu Y, Xue C, et al. 2021. A process-oriented approach to identify evolutions of sea surface temperature anomalies with a time-series of a raster dataset. ISPRS International Journal of Geo-Information, 10: 500.

Li X, Yang J, Guan X, et al. 2014. An Event-driven Spatiotemporal Data Model (E-ST) supporting dynamic expression and simulation of geographic processes. Transactions in GIS, 18: 76-96.

Ollitrault M, Rannou J P. 2013. ANDRO: An Argo-based deep displacement dataset. Journal of Atmospheric and Oceanic Technology, 30: 759-788.

Peuquet D J, Duan N. 1995. An event-based spatiotemporal data model (ESTDM) for temporal analysis of geographical data. International Journal of Geographical Information Systems, 9: 7-24.

Reitsma F, Albrecht J. 2005. Implementing a new data model for simulating processes. International Journal of Geographical Information Science, 10 (19): 1073-1090.

Reynolds R W, Rayner N A, Smith T M, et al. 2002. An improved in situ and satellite SST analysis for climate. Journal of Climate, 15(13): 1609-1625.

Riser S C, Freeland H J, Roemmich D, et al. 2016. Fifteen years of ocean observations with the global Argo array. Nature Climate Change, 6(2): 145-153.

Siabato W, Claramunt C, Ilarri S, et al. 2018. A survey of modelling trends in temporal GIS. ACM Computing Surveys (CSUR), 51(2): 1-41.

Su F Z, Zhou C H, Lyne V, et al. 2004. A data mining approach to determine the spatio-temporal relationship between environmental factors and fish distribution. Ecological Modelling, 174: 421-431.

Worboys M F. 1994. Unifying the spatial and temporal components of geographical information // Advances in Geographic Information Systems. Edinburgh: Proceedings of theInternational Symposium on Spatial Data Handling Information Symposium on Spatial Data Handling: 505-517.

Xie J P, Zhu J. 2009. A dataset of global ocean surface currents for 1999-2007 derived from Argo float trajectories: A comparison with surface drifter and TAO measurements. Atmospheric and Oceanic Science Letters, 2(2): 97-102.

Xue C, Dong Q, Qin L. 2015. A cluster-based method for marine sensitive object extraction and representation. Journal of Ocean University of China, 14(4): 612-620.

Xue C, Dong Q, Xie J. 2012. Marine spatio-temporal process semantics and its applications-taking the ENSO process and Chinese rainfall anomaly as an example. Acta Oceanologica Sinica,

33(2): 16-24.

Xue C, Wu C, Liu J, et al. 2019. A novel process-oriented graph storage for dynamic geographic phenomena. ISPRS International Journal of Geo-Information, 8(2): 100.

Xue C, Zhou C, Su F, et al. 2008. Uncertainty representation of ocean fronts based on fuzzy-rough set theory. Journal of Ocean University of China, 7(2): 131-136.

Yi J, Du Y, Liang F, et al. 2014. A representation framework for studying spatiotemporal changes and interactions of dynamic geographic phenomena. International Journal of Geographical Information Science, 28(5): 1010-1027.

Yi J, Du Y, Wang D, et al. 2017. Tracking the evolution processes and behaviors of mesoscale eddies in the South China Sea: A global nearest neighbor filter approach. Acta Oceanologica Sinica, 36(11): 27-37.

第 **3** 章

海洋时空过程建模基础

本章导读

- 海洋时空过程是海洋现象(对象)产生—发展—消亡的演变过程,如中尺度涡旋的生消演变过程、海洋异常变化的生消演变过程等。时空演变的周期特征是海洋时空过程的基本特征,本章以海洋时空演变过程为基本单元,阐述海洋时空过程建模的理论基础与方法。

- 首先本章阐述了海洋时空过程的定义和语义内涵,提出了"海洋时空过程—演变序列—时刻状态"的分级抽象和逐渐包含的语义模型和表达框架,基于空间拓扑、时间拓扑和时空拓扑的基础理论,提出了过程拓扑的语义描述框架和过程拓扑构建流程,以支撑海洋时空过程建模与分析。

- 从面向对象的角度,建立了海洋时空过程的对象结构和 BNF 范式表达框架,设计了海洋时空过程对象类,归纳了海洋时空过程的空间、时间、属性和对象四类分析算子及过程对象距离、方向、拓扑和演变四类关系。

- 海洋时空过程语义和时空过程拓扑是海洋时空过程建模的理论基础,海洋时空过程对象化表达和时空过程分析算子及类的模型设计是海洋时空过程建模的方法基础。

3.1 海洋时空过程语义

3.1.1 海洋时空过程定义

从时空本质上分析,时空是物质、能量与信息的存储器,而过程则是物质、能量与信息的表现形式。时空与过程紧密耦合,构成时空过程。海洋时空是海洋领域空间范围内的时间演变序列，海洋过程是海洋现象或实体在整个生命周期内的连续渐变序列。因而，海洋时空过程（marine spatiotemporal process，MarineSTP）是海洋领域内具有生命周期的连续渐变的海洋现象或实体的一种概念抽象。

在时态 GIS 研究领域，时空过程并没有一个明确统一的概念体系，不同的学者从不同的研究角度对时空过程进行界定。从理解与表达地理实体变化的角度，时空过程被界定为实体的演变序列（Claramunt et al.，1998）；从地理实体本体认知的角度，时空过程由系列事件构成，而事件则由系列算子构成（LemosDias et al.，2004；张丰等，2008）；从过程地理信息系统构建的角度，时空过程被界定为时空动态现象（苏奋振和周成虎，2006）；从时空离散建模的角度，时空过程被抽象为时空动态现象的整体演变，而这种演变具有突变性（谢炯等，2007）；薛存金等从海洋时空连续表达与建模的角度，把海洋时空过程定义为海洋异常变化在时空上的连续生消演变（薛存金等，2010，2022；Xue et al.，2012，2019）。不同的时空过程的界定在其研究领域背景下具有重要的科学意义。基于此，本章结合 Claramunt 及苏奋振的时空过程思想对海洋时空过程进行界定，并给出海洋时空过程的语义体系结构，为进一步的时空过程对象组织与建模奠定基础。

海洋时空过程的内涵可从以下几个方面来理解。

（1）海洋时空过程是对满足条件的现象或实体的一种概念抽象，在现实世界中并不存在地理现象或实体与之对应。例如，海洋锋和涡旋不是海洋时空过程，但在其完整的生命周期内可抽象为海洋时空过程，并采用面向对象的技术和理论对其进行组织与表达。

（2）海洋时空过程从模型构建的角度考虑，仅限于海洋领域的应用，与其他领域内的"过程"概念存在本质差异，如水文过程、地貌过程等。

（3）海洋时空过程具有连续渐变的动态特性，这种连续渐变性不是特定的突发事件序列。利用离散事件序列和基于事件的时空数据模型来组织、表达与存储海洋时空过程会造成信息的丢失，且无法进行内在规律的揭示，这是构建海洋时空过程数据模型（process-oriented marine spatiotemporal data model，PoMASTM）的背景，也是 PoMASTM 必须考虑的核心内容。

（4）海洋时空过程是海洋现象或实体连续渐变序列的外在表现形式，其内在本质是信息能量的渐变，需要用事件机制刻画。在整个海洋过程周期内蕴含着大量该类型的事件，如海洋过程的产生事件、合并事件、分裂事件、变形事件等。

（5）海洋时空过程具有完整的周期特性，具体包括产生、发展、稳定、消弱、消亡五个阶段，每一个演变阶段抽象为一个或多个演变序列。

从海洋时空过程的内涵分析，构建的 PoMASTM 必须满足：①能刻画海洋现象或实体的连续渐变特性；②能记录海洋现象或实体连续渐变的内在机制，并能

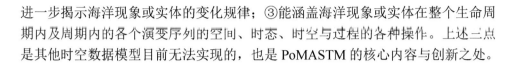

进一步揭示海洋现象或实体的变化规律；③能涵盖海洋现象或实体在整个生命周期内及周期内的各个演变序列的空间、时态、时空与过程的各种操作。上述三点是其他时空数据模型目前无法实现的，也是 PoMASTM 的核心内容与创新之处。

3.1.2 海洋时空过程类型

在海洋领域内，具有点状特性的现象或实体可抽象为点对象，具有线状特性的现象或实体可抽象为线对象，具有面状特性的现象或实体可抽象为面对象，具有体特性的现象或实体可抽象为体对象。在统一的时空参考框架体系下，海洋领域内的基本时空过程可归纳为海洋点时空过程、线时空过程、面时空过程与体时空过程。

四种基本时空过程在海洋领域并不是孤立存在的。根据研究目的，需要把几种基本时空过程放置在统一的时空框架体系下分析。根据时空过程包含对象实体的个数，海洋时空过程分为简单海洋时空过程与复杂海洋时空过程。简单海洋时空过程包含一个对象实体，可以是点对象、线对象、面对象或体对象；而复杂海洋时空过程则包含多个对象实体，也包含多个简单海洋时空过程对象，如图 3-1 所示。

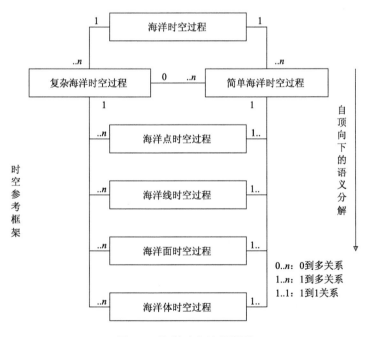

图 3-1 海洋时空过程类型

海洋时空过程类型体系结构的划分，给出了海洋时空过程类型的框架结构，不仅使海洋时空过程的层次关系易于理解，更为重要的是为后期的海洋时空过程对象组织奠定了基础。四种基本的海洋时空过程类型具有不同的时空特性与时空过程操作，因而需要采用不同的方式进行过程的语义描述、对象组织和存储，也需要设计不同的时空操作行为实现对象的过程操作。

1. 海洋点时空过程

海洋点时空过程(marine point spatiotemporal process，MarinePSTP)指在统一的时空框架体系下，具有点状特性的现象或实体在生命周期范围内连续渐变的演变序列，其空间位置与物理属性时刻都在发生变化，如水团核心、涡旋中心的移动变化轨迹等，如图 3-2 所示。其中，外围矩形框表示统一的时空框架体系，黑色实线表示点的运动轨迹，圆心代表点的中心位置、圆的灰度代表点的属性。

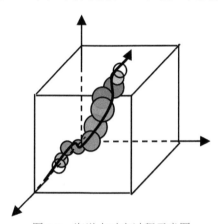

图 3-2　海洋点时空过程示意图

2. 海洋线时空过程

海洋线时空过程(marine line spatiotemporal process，MarineLSPT)指在统一的时空框架体系下，具有线状特性的现象或实体在生命周期范围内连续渐变的演变序列，其线空间位置与物理属性时刻都在发生变化。根据线上物理属性值是否相同，海洋线时空过程又可进一步细分为线上各点在固定的时刻状态具有相同属性值的海洋同质线时空过程(marine homo line spatiotemporal process)，如不同时刻状态上的海岸线类型，以及线上各点在固定时刻状态具有不同属性值的海洋异质线时空过程(marine heter line spatiotemporal process)，如海洋锋的属性变化。图 3-3显示了海洋锋在其生命周期的历史演变。

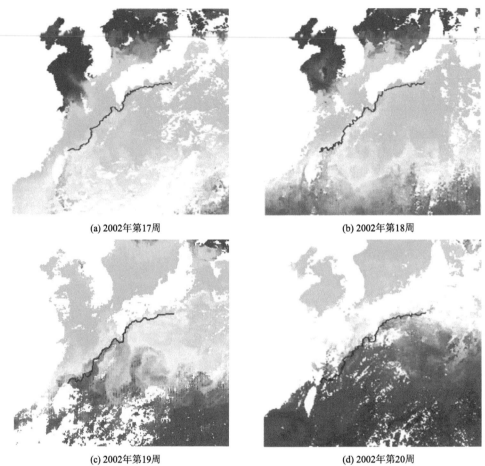

(a) 2002年第17周　　　　　　　　　　(b) 2002年第18周

(c) 2002年第19周　　　　　　　　　　(d) 2002年第20周

图 3-3　海洋异质线时空过程（背景为 NOAA AVHRR 周尺度海洋表面温度数据，
空间分辨率 9km）

3. 海洋面时空过程

海洋面时空过程（marine area spatiotemporal process，MarineASPT）指在统一的时空框架体系下，具有面状特性的现象或实体在生命周期范围内连续渐变的演变序列，其面上的空间位置与物理属性时刻都在发生变化。根据海洋现象或实体在面上各点的属性值是否发生变化，海洋面时空过程又可细分为：①海洋同质面时空过程（marine homo area spatiotemporal process），即海洋面对象上的各点具有相同的属性值，其空间位置与物理属性值随时间整体发生变化；②海洋异质面时空过程（marine heter area spatiotemporal process），即海洋面对象上的各点具有不同的属性值，且其空间上每一点的物理属性值时刻都在发生变化，如图 3-4 所示。

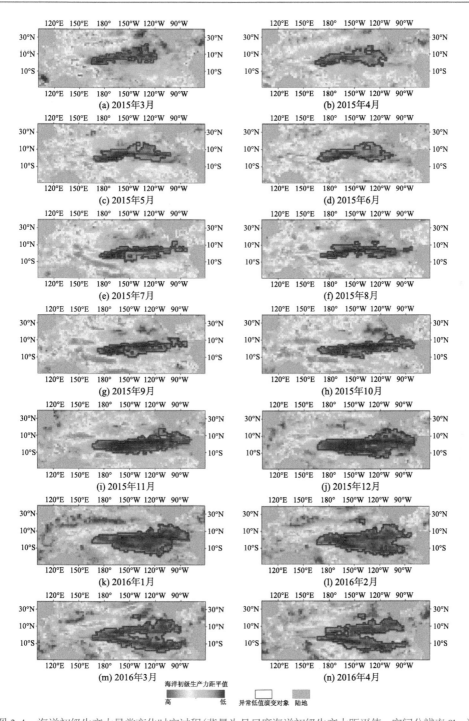

图 3-4　海洋初级生产力异常变化时空过程(背景为月尺度海洋初级生产力距平值,空间分辨率 9km)

1. 海洋体时空过程

海洋体时空过程(marine voxel spatiotemporal process，MarineVSPT)指在统一的时空框架体系下，具有体状特性的现象或实体在生命周期范围内连续渐变的演变序列，其体上的空间位置与物理属性时刻都在发生变化。根据海洋现象或实体在体上各个点的属性值是否发生变化，海洋体时空过程又可细分为：①海洋同质体时空过程(marine homo voxel spatiotemporal process)，即海洋体对象上的各点具有相同的属性值，其空间位置与物理属性值随时间整体发生变化；②海洋异质体时空过程(marine heter voxel spatiotemporal process)，即海洋体对象上的各点具有不同的属性值，且其空间上每一点的物理属性值时刻都在发生变化。

3.1.3 海洋时空过程表达框架

时空过程语义必须表达时空过程内涵，不同的时空过程定义决定了不同的时空过程语义表达。尽管目前对时空过程语义的研究较少，但海洋时空动态语义为时空过程数据模型的设计提供了新的研究思路，对时空过程数据模型的设计意义重大。谢炯等(2007)针对离散变化的时空过程，提出了基于梯形分级的时空过程语义描述框架，并成功地应用于土地利用变迁的时空建模过程。但该语义描述框架基于离散事件序列，无法描述连续变化的时空过程。基于此，本书提出基于海洋时空过程—演变序列—时刻状态的分级结构的海洋时空过程语义，并设计了其概念语义描述框架和逻辑语义描述框架，如图3-5和图3-6所示。

1. 海洋时空过程

根据海洋时空过程定义及内涵，可知海洋时空过程包含产生、发展、稳定、消弱、消亡等完整的生命周期过程，且在生命周期的各个阶段，过程内部的演变机制存在本质差异,如在发展阶段主要有过程的合并与扩展事件实现过程的连续，而在消亡阶段则有过程的分裂或缩减事件实现过程的连续。海洋时空过程从整体上刻画海洋现象的产生、发展和消亡特性，包括海洋现象的空间结构和属性的演变，海洋时空过程由一个或多个基本演变序列组成。从实体表达的角度分析，海洋时空过程是对实体在所有时刻状态的抽象概括，在空间结构上与地理实体在任意时刻都不存在对应关系。

2. 演变序列

演变序列是序列阶段内所有时刻状态的抽象概括，其空间结构是所有时刻状态空间结构的综合。基本演变序列是地理现象在生命周期内具有相似演变特征

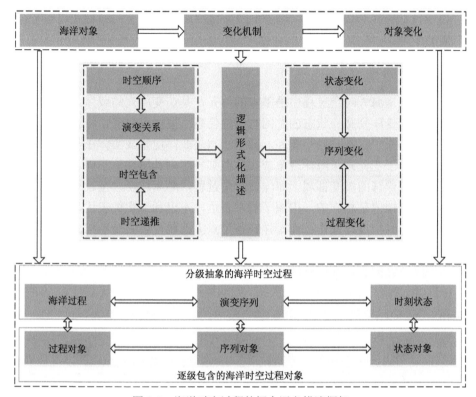

图 3-5　海洋时空过程的概念语义描述框架

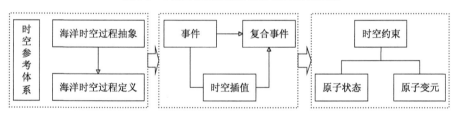

图 3-6　海洋时空过程的逻辑语义描述框架

的时间序列，由两个及以上的时刻状态组成。构成基本演变序列的时刻状态具有相似的空间结构和属性特征。演变序列根据空间结构和属性特征，分为产生、发展和消亡三个基本序列。

(1)产生序列：从地理过程产生的时刻状态开始，其空间结构和属性特征逐渐增强的序列。

(2)发展序列：在地理过程生命周期内，空间结构和属性特征具有相似性演变特征(持续增强、持续减弱或稳定不变)的连续时刻状态，起始时间不是地理过程的产生时刻，终止时间不是地理过程的结束时刻。

(3)消亡序列：以地理过程结束的时刻状态为终止，其空间结构和属性特征逐渐减弱的序列。

3. 时刻状态

时刻状态是海洋时空过程中最基本的单元，是演变序列的载体。时刻状态记录时空过程演变序列某一状态的空间与属性信息。根据属性变化特性，时刻状态可进一步分为原子状态与原子变元。原子状态是海洋现象或实体在某一时刻其属性值相同，原子变元则指海洋现象或实体在某一时刻其属性值不同。例如，海岸线的变迁和海洋锋的演变都属于海洋线时空过程，海岸线在时空过程范围内的某一时刻，其属性值是相同的，用原子状态表达，不仅利于实体表达，节省存储空间，而且易于时空过程操作；而海洋锋各个点上的属性值完全不同，如利用原子状态表达，不仅造成表达的复杂性(时间表达的嵌套)，而且很难实现时空过程操作，而原子变元的表达却很好地克服了这一点。

根据时刻状态在海洋过程中的关系，归纳得到 6 种海洋时刻状态类型，如图 3-7 所示。

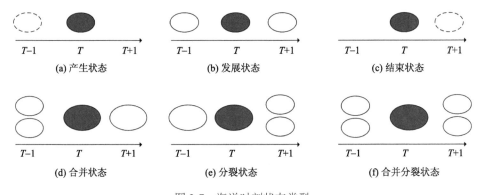

图 3-7　海洋时刻状态类型

假定 S_{T-1}、S_T 和 S_{T+1} 分别为 $T-1$、T 和 $T+1$ 三个连续时刻的状态对象，六种时刻状态类型分别定义如下。

产生状态：如果 S_{T-1} 不存在、S_T 存在，则 S_T 为产生状态对象。

发展状态：如果 S_{T-1} 和 S_{T+1} 唯一存在、S_T 存在，则 S_T 为发展状态对象。

结束状态：如果 S_T 对象存在，且 S_{T+1} 对象不存在，则 S_T 为结束状态对象。

合并状态：如果存在两个或多个 S_{T-1}，同时唯一存在 S_{T+1}，则 S_T 为合并状态对象。

分裂状态：如果唯一存在 S_{T-1}，同时存在两个或多个 S_{T+1}，则 S_T 为分裂状态对象。

合并分裂状态：如果唯一存仕 S_T，并且存在两个或多个 S_{T-1} 和 S_{T+1} 对象，则 S_T 为合并分裂对象。

4. 海洋时空过程关系

海洋时空过程语义包括三种类型的时空关系。

(1)包含关系：海洋时空过程—演变序列—时刻状态之间的逐级包含关系。

(2)时空关系：海洋时空过程间、演变序列间和时刻状态间的时空关系。

(3)演变关系：演变序列间和时刻状态间的演变关系。

海洋时空过程—演变序列—时刻状态之间的包含关系在时间维度上刻画海洋过程整体与部分的关系。海洋时空过程作为一个整体单元由一个或多个演变序列组成，一个演变序列又由一个及以上的时刻状态组成，即海洋时空过程包含演变序列，演变序列包含时刻状态。

海洋时空过程间的时空关系刻画一个地理过程与其他地理过程的时空距离关系、时空方向关系、时空拓扑关系。演变序列间的时空关系刻画一个演变序列与其他演变序列(可以隶属于同一个地理过程，也可以隶属于不同的地理过程)的时空距离关系、时空方向关系、时空拓扑关系。由于地理过程和演变序列由若干个相邻的状态组成，可根据时刻状态的空间结构和时间范围类似地抽象为时空立方体，因此两类时空关系可以根据时空立方体的时空关系近似获取。时刻状态的空间关系刻画一个时刻状态与其他时刻状态(可以隶属于同一个地理过程,也可以隶属于不同的地理过程)的空间距离关系、空间方向关系、空间拓扑关系。

时空演变关系刻画地理过程内部时刻状态间的地理实体的演化特性。根据前后时刻状态的变化特性，时空演变关系归纳为合并、分裂、发展和分裂合并四种演变关系，如图 3-8 所示。

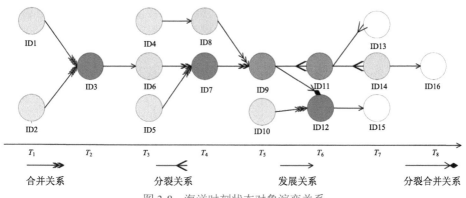

图 3-8　海洋时刻状态对象演变关系

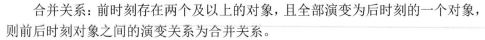

合并关系：前时刻存在两个及以上的对象，且全部演变为后时刻的一个对象，则前后时刻对象之间的演变关系为合并关系。

分裂关系：前时刻存在一个对象，后时刻存在两个及以上的对象，且后时刻对象全部由前时刻对象演变而来，则前后时刻对象之间的演变关系为分裂关系。

发展关系：前后两个时刻都存在唯一对象，则两个前后时刻对象之间的演变关系为发展关系。

分裂-合并关系：前时刻的一个对象（PreObject）分裂为两个及以上对象（后时刻对象），且后时刻的一个对象（PostObject）又部分来自于前时刻的另一个对象，则 PreObject 与 PostObject 对象之间的关系为分裂-合并关系。

3.2 海洋时空过程拓扑

根据海洋时空过程的定义及语义关系，海洋时空过程拓扑建立在海洋时空拓扑的基础上，而海洋时空拓扑是时态拓扑与空间拓扑的笛卡儿积（薛存金和苏奋振，2008；沈敬伟等，2010；曹洋洋等，2014）。

3.2.1 空间拓扑

空间拓扑研究目前已相对完善，代表性研究是基于空间区域点集理论的 Egenhofer's n-交模型（Egenhofer and Franzosa, 1991; Egenhofer, 1993）及在其基础上的扩展与完善（杜世宏，2005；王占刚等，2017；Chen and Shi, 2018）。二维空间凸区域的空间拓扑关系的研究可归纳为两类（虞强源等，2003）：基于区域连接算子的形式化模型和基于点集拓扑理论的 n-交模型。从本质上分析，基于区域连接算子的形式化模型和点集拓扑理论的 n-交模型在空间拓扑上具有等同性，因而，本章着重探讨基于 n-交模型的空间拓扑关系。

n-交模型的核心思想是利用区域内部、外部与边界交集的空集和非空集的排列组合描述空间关系。根据是否选取外部描述空间拓扑，n-交模型分为 4-交模型和 9-交模型。4-交模型的描述框架如式（3-1）所示。

$$RP(X,Y) = \begin{bmatrix} X^{\circ} \cap Y^{\circ} & X^{\circ} \cap \partial Y \\ \partial X \cap Y^{\circ} & \partial X \cap \partial Y \end{bmatrix} \tag{3-1}$$

9-交模型的描述框架如式（3-2）所示。

$$\text{RP}(X,Y) = \begin{bmatrix} X^\circ \cap Y^\circ & X^\circ \cap \partial Y & X^\circ \cap {}^{\neg}Y \\ \partial X \cap Y^\circ & \partial X \cap \partial Y & \partial X \cap {}^{\neg}Y \\ {}^{\neg}X \cap Y^\circ & {}^{\neg}X \cap \partial Y & {}^{\neg}X \cap {}^{\neg}Y \end{bmatrix} \tag{3-2}$$

Egenhofer 基于点集理论研究了两凸空间区域基于 4-交模型和 9-交模型的空间拓扑，并归纳分析出有效的 8 种空间拓扑关系，分别为空间相离、空间相切、空间叠置、空间覆盖、空间被覆盖、空间相等、空间内部与空间包含（Egenhofer, 1993；Egenhofer and Franzosa, 1991），分别记为 R_{Disjoint}、R_{Meet}、R_{Overlap}、R_{Cover}、$R_{\text{CoveredBy}}$、R_{Equal}、R_{Inside}、R_{Contain}，如图 3-9 所示。

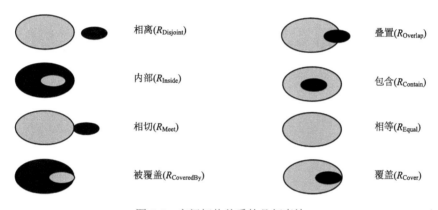

图 3-9 空间拓扑关系的几何表达

3.2.2 时态拓扑

时间的单向性确定了时态拓扑关系和时态方向关系的密切相关性。时态拓扑关系的核心思想是两个相邻发生的事件永远相邻发生，即事件发生的同时性保持不变；时态方向关系的核心思想是事件发生的先后顺序保持不变，它暗示了事件间的因果关系（徐志红等，2002）。因而，把时态拓扑和时态方向结合起来进行时态关系的研究较多，为时态拓扑、时态推理的研究奠定了基础（Allen, 1984），而对时态拓扑关系的探讨相对滞后（舒红等，1997）。

1. Allen's 时态拓扑与时态关系

时态关系包括时态拓扑关系、时态方向关系和时态距离关系。时态拓扑关系强调事件发生的同时不变性，时态方向关系表达事件发生的顺序不变性，而时态距离关系描述时间间隔大小的不变性。Allen 从自然语言学和哲学的角度归纳和总

结了 13 种时态关系，并认为除时态相等外，其他 12 种时态关系具有对称结构（Allen, 1984），记为

$$\{T_{Before}, T_{After}, T_{Overlap}, T_{OverlapBy}, T_{Start}, T_{StartBy}, T_{Finish}, T_{FininshBy}, T_{Equal}, T_{Meet}, T_{MeetBy}, T_{During}, T_{DuringBy}\}$$

其形式化描述如图 3-10 所示。

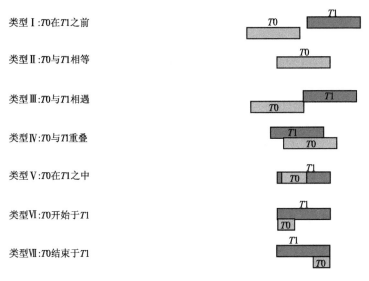

图 3-10　Allen's 13 种时态关系

2. n-交模型的时态拓扑

舒红等(1997)以事件为核心，同时结合 Egenhofer's 的点集拓扑理论，采用 4-交模型分析归纳出 8 种时态拓扑关系，分别为时间相离、时间相遇、时间重叠、时间覆盖、时间被覆盖、时间相等、时间内部与时间包含(舒红等, 1997)，记为

$$\{T_{Disjoint}, T_{Meet}, T_{Overlap}, T_{Cover}, T_{CoveredBy}, T_{Equal}, T_{Inside}, T_{Contain}\}$$

其形式化描述如图 3-11 所示。

图 3-11　舒红的 8 种时态拓扑关系

3.2.3　时空拓扑

由于空间拓扑和时态拓扑研究基础隔离了时空的内在联系性，无法同时对地理现象或实体的空间性与时间性进行分析与表达，因此也无法对地理现象或实体的动态变化规律进行研究。因为时态和空间关系具有等同性，Claramunt 和 Jiang(2001)对集成统一框架体系下的时空关系进行描述与分析，归纳出 56 种时空关系。尽管该时空关系没有区分时态方向与时态拓扑关系，也没有进一步探讨时空拓扑操作如何实施，但为时空拓扑研究提供了新的研究思路。近年来，在时空集成的统一框架体系下，基于时空笛卡儿积的时空拓扑关系取得系列成果(刘茂华等，2006；薛存金和苏奋振，2008；Tøssebro and Nygård, 2011; Cheng et al., 2021)，为海洋动态对象的过程拓扑分析奠定了基础。

3.2.4　过程拓扑

从时空结构上分析，时空过程是在过程周期内地理实体在空间上和时态上的投影，这与时空对象相同。因而，过程拓扑的描述框架、构建过程和概念邻居分析与时空拓扑类似。然而，根据海洋时空过程语义，过程的本质是刻画地理(实体)现象的内在演变特征，强调的是地理实体的空间结构与时态关系在时间方向上的变化，因此过程拓扑不仅要考虑地理实体的时态关系，也要考虑其时态方向，这是与时空拓扑的本质差异。

1. 过程拓扑描述框架

从时空结构上分析，时空过程与时空对象并无本质差异，其实质都是在空间和时间轴上的投影，如图 3-12 所示。基于时态拓扑与空间拓扑的笛卡儿运算，以 RP⊕TP 表示过程拓扑，则基于 4-交模型与 9-交模型的统一描述框架如式(3-1)和式(3-2)所示。

⬭和▱表达过程在某时刻的空间结构，⬬和▰表达过程在空间上的最大空间结构。

根据海洋时空过程语义，海洋时空过程具有分级的思想，也就是说，不仅海洋时空过程间的拓扑关系在时空分析和时空推理中具有重要作用，海洋时空过程与过程内部(过程序列、时刻状态单元)之间的时空拓扑也至关重要。因此，过程拓扑不仅可以表达过程间的时空关系，也可以刻画过程与过程内部的时空关系。时空过程拓扑的框架结构如图 3-13 所示。

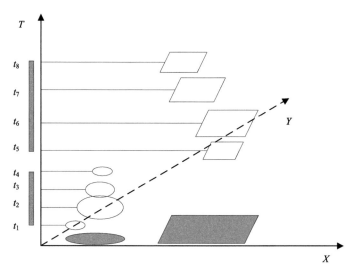

图 3-12　时空过程在时空上的投影

2. 过程拓扑表达、语义与存储

过程拓扑的实质是过程的空间结构和时态结构的空间拓扑与时态拓扑的笛卡儿运算，因而过程拓扑与时空拓扑的具体实现过程并无差异，关键是如何确定空间拓扑关系与时态拓扑关系。由于空间拓扑的研究成果成熟且一致，空间拓扑采用 Egenhofer 的 8 种空间拓扑关系。Allen 的 13 种拓扑关系较好地刻画了地理实体的方向关系与时态关系，但计算机存储表达不具有完备性，如前(before)后(after)的时态关系具有相同的存储表达，很难进行时态推理计算。而舒红的 8 种时态拓扑关系考虑了计算机存储表达的完备性，但没有考虑时态的方向关系，把前(before)后(after)的时态关系统一用时态相离(disjointed)表达，同样也很难开展时态推理研究。基于此，本节结合两种时态拓扑的优点，时态拓扑的几何与语义表达采用 Allen 的 13 种拓扑关系，而计算机存储则采用舒红的 8 种时态拓扑关系。

由于过程内部的时空投影与过程的时空投影并无本质差异，因此本节以过程与过程间的拓扑为例来说明过程拓扑之间的构建流程。按照上述分析，基于笛卡儿积运算的过程拓扑共有 104 种拓扑关系。过程拓扑关系记为：PT_{ij}，其中 i 代表 PT 中第 i 个空间拓扑关系，j 代表 PT 中第 j 个时态拓扑关系。图 3-14 为过程拓扑的几何表达，表 3-1 为过程拓扑的语义描述，图 3-15 为过程拓扑基于 4-交模型的计算机存储表达。

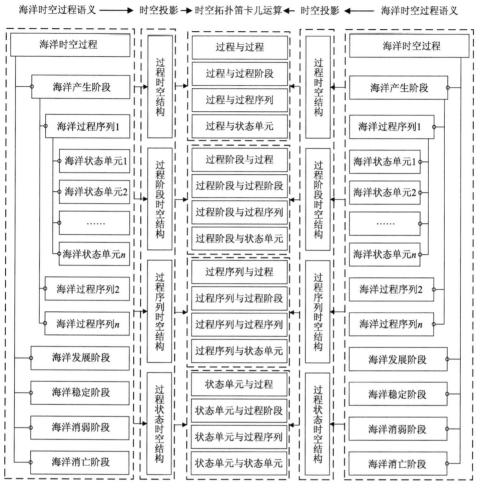

图 3-13　时空过程拓扑的框架结构

表 3-1　过程拓扑的语义描述

序号	拓扑关系	过程拓扑语义
1	PT$_{Disjoint-Before}$	一个空间过程在另一个空间过程发生之前发生，两个过程在空间上完全相离
2	PT$_{Disjoint-After}$	一个空间过程在另一个空间过程结束之后发生，两个过程在空间上完全相离
3	PT$_{Disjoint-Overlap}$	一个空间过程在另一个空间过程发生之前发生，两者相交，且在结束之前结束，两个过程在空间上完全相离
4	PT$_{Disjoint-OverlapBy}$	一个空间过程在另一个空间过程发生之后发生，两者相交，且在结束之后结束，两个过程在空间上完全相离
5	PT$_{Disjoint-Start}$	两个空间过程共同发生，但一个空间过程在另一个空间过程结束前结束，两个过程在空间上完全相离

序号	拓扑关系	过程拓扑语义
6	$PT_{Disjoint-StartBy}$	两个空间过程共同发生，但一个空间过程在另一个空间过程结束后结束，两个过程在空间上完全相离
7	$PT_{Disjoint-Finish}$	两个空间过程共同结束，但一个空间过程在另一个空间过程发生前发生，两个过程在空间上完全相离
8	$PT_{Disjoint-FinishBy}$	两个空间过程共同结束，但一个空间过程在另一个空间过程发生后发生，两个过程在空间上完全相离
9	$PT_{Disjoint-Equal}$	两个空间过程共同发生，同时共同结束，但在空间上完全相离
10	$PT_{Disjoint-Meet}$	一个空间过程在另一个空间过程结束之后发生，两者没有交集，两个过程在空间上完全相离
11	$PT_{Disjoint-MeetBy}$	一个空间过程在另一个空间过程发生之前结束，两者相交，且在结束之后结束，两个过程在空间上完全相离
12	$PT_{Disjoint-During}$	一个空间过程在另一个空间过程发生之后发生，且在结束之前结束，两个过程在空间上完全相离
13	$PT_{Disjoint-DuringBy}$	一个空间过程在另一个空间过程发生之前发生，且在结束之后结束，两个过程在空间上完全相离
14	$PT_{Meet-Before}$	一个空间过程在另一个空间过程发生之前发生，两个过程在空间上相接
15	$PT_{Meet-After}$	一个空间过程在另一个空间过程结束之后发生，两个过程在空间上相接
16	$PT_{Meet-Overlap}$	一个空间过程在另一个空间过程发生之前发生，两者相交，且在结束之前结束，两个过程在空间上相接
17	$PT_{Meet-OverlapBy}$	一个空间过程在另一个空间过程发生之后发生，两者相交，且在结束之后结束，两个过程在空间上相接
18	$PT_{Meet-Start}$	两个空间过程共同发生，但一个空间过程在另一个空间过程结束前结束，两个过程在空间上相接
19	$PT_{Meet-StartBy}$	两个空间过程共同发生，但一个空间过程在另一个空间过程结束后结束，两个过程在空间上相接
20	$PT_{Meet-Finish}$	两个空间过程共同结束，但一个空间过程在另一个空间过程发生前发生，两个过程在空间上相接
21	$PT_{Meet-FinishBy}$	两个空间过程共同结束，但一个空间过程在另一个空间过程发生后发生，两个过程在空间上相接
22	$PT_{Meet-Equal}$	两个空间过程共同发生，同时共同结束，但在空间上相接
23	$PT_{Meet-Meet}$	一个空间过程在另一个空间过程结束之后发生，两者没有交集，两个过程在空间上相接
24	$PT_{Meet-MeetBy}$	一个空间过程在另一个空间过程发生之前结束，两者相交，且在结束之后结束，两个过程在空间上相接
25	$PT_{Meet-During}$	一个空间过程在另一个空间过程发生之后发生，且在结束之前结束，两个过程在空间上相接
26	$PT_{Meet-DuringBy}$	一个空间过程在另一个空间过程发生之前发生，且在结束之后结束，两个过程在空间上相接
27	$PT_{Overlap-Before}$	一个空间过程在另一个空间过程发生之前发生，两个过程在空间上相交
28	$PT_{Overlap-After}$	一个空间过程在另一个空间过程结束之后发生，两个过程在空间上相交

续表

序号	拓扑关系	过程拓扑语义
29	PT$_{Overlap-Overlap}$	一个空间过程在另一个空间过程发生之前发生，两者相交，且在结束之前结束，两个过程在空间上相交
30	PT$_{Overlap-OverlapBy}$	一个空间过程在另一个空间过程发生之后发生，两者相交，且在结束之后结束，两个过程在空间上相交
31	PT$_{Overlap-Start}$	两个空间过程共同发生，但一个空间过程在另一个空间过程结束前结束，两个过程在空间上相交
32	PT$_{Overlap-StartBy}$	两个空间过程共同发生，但一个空间过程在另一个空间过程结束后结束，两个过程在空间上相交
33	PT$_{Overlap-Finish}$	两个空间过程共同结束，但一个空间过程在另一个空间过程发生前发生，两个过程在空间上相交
34	PT$_{Overlap-FinishBy}$	两个空间过程共同结束，但一个空间过程在另一个空间过程发生后发生，两个过程在空间上相交
35	PT$_{Overlap-Equal}$	两个空间过程共同发生，同时共同结束，但在空间上相交
36	PT$_{Overlap-Meet}$	一个空间过程在另一个空间过程结束之后发生，两者没有交集，但两个过程在空间上相交
37	PT$_{Overlap-MeetBy}$	一个空间过程在另一个空间过程发生之前结束，两者相交，且在结束之后结束，两个过程在空间上相交
38	PT$_{Overlap-During}$	一个空间过程在另一个空间过程发生之后发生，且在结束之前结束，两个过程在空间上相交
39	PT$_{Overlap-DuringBy}$	一个空间过程在另一个空间过程发生之前发生，且在结束之后结束，两个过程在空间上相交
40	PT$_{Cover-Before}$	一个空间过程在另一个空间过程发生之前发生，前者的空间结构覆盖后者的空间结构
41	PT$_{Cover-After}$	一个空间过程在另一个空间过程结束之后发生，前者的空间结构覆盖后者的空间结构
42	PT$_{Cover-Overlap}$	一个空间过程在另一个空间过程发生之前发生，两者相交，且在结束之前结束，前者的空间结构覆盖后者的空间结构
43	PT$_{Cover-OverlapBy}$	一个空间过程在另一个空间过程发生之后发生，两者相交，且在结束之后结束，前者的空间结构覆盖后者的空间结构
44	PT$_{Cover-Start}$	两个空间过程共同发生，但一个空间过程在另一个空间过程结束前结束，前者的空间结构覆盖后者的空间结构
45	PT$_{Cover-StartBy}$	两个空间过程共同发生，但一个空间过程在另一个空间过程结束后结束，前者的空间结构覆盖后者的空间结构
46	PT$_{Cover-Finish}$	两个空间过程共同结束，但一个空间过程在另一个空间过程发生前发生，前者的空间结构覆盖后者的空间结构
47	PT$_{Cover-FinishBy}$	两个空间过程共同结束，但一个空间过程在另一个空间过程发生后发生，前者的空间结构覆盖后者的空间结构
48	PT$_{Cover-Equal}$	两个空间过程共同发生，同时共同结束，但前者的空间结构覆盖后者的空间结构
49	PT$_{Cover-Meet}$	一个空间过程在另一个空间过程结束之后发生，两者没有交集，前者的空间结构覆盖后者的空间结构
50	PT$_{Cover-MeetBy}$	一个空间过程在另一个空间过程发生之前结束，两者相交，且在结束之后结束，前者的空间结构覆盖后者的空间结构

序号	拓扑关系	过程拓扑语义
51	PT_{Cover-During}	一个空间过程在另一个空间过程发生之后发生，且在结束之前结束，前者的空间结构覆盖后者的空间结构
52	PT_{Cover-DuringBy}	一个空间过程在另一个空间过程发生之前发生，且在结束之后结束，前者的空间结构覆盖后者的空间结构
53	PT_{CoverBy-Before}	一个空间过程在另一个空间过程发生之前发生，后者的空间结构覆盖前者的空间结构
54	PT_{CoverBy-After}	一个空间过程在另一个空间过程结束之后发生，后者的空间结构覆盖前者的空间结构
55	PT_{CoverBy-Overlap}	一个空间过程在另一个空间过程发生之前发生，两者相交，且在结束之前结束，后者的空间结构覆盖前者的空间结构
56	PT_{CoverBy-OverlapBy}	一个空间过程在另一个空间过程发生之后发生，两者相交，且在结束之后结束，后者的空间结构覆盖前者的空间结构
57	PT_{CoverBy-Start}	两个空间过程共同发生，但一个空间过程在另一个空间过程结束前结束，后者的空间结构覆盖前者的空间结构
58	PT_{CoverBy-StartBy}	两个空间过程共同发生，但一个空间过程在另一个空间过程结束后结束，后者的空间结构覆盖前者的空间结构
59	PT_{CoverBy-Finish}	两个空间过程共同结束，但一个空间过程在另一个空间过程发生前发生，后者的空间结构覆盖前者的空间结构
60	PT_{CoverBy-FinishBy}	两个空间过程共同结束，但一个空间过程在另一个空间过程发生后发生，后者的空间结构覆盖前者的空间结构
61	PT_{CoverBy-Equal}	两个空间过程共同发生，同时共同结束，但后者的空间结构覆盖前者的空间结构
62	PT_{CoverBy-Meet}	一个空间过程在另一个空间过程结束之后发生，两者没有交集，后者的空间结构覆盖前者的空间结构
63	PT_{CoverBy-MeetBy}	一个空间过程在另一个空间过程发生之前结束，两者相交，且在结束之后结束，后者的空间结构覆盖前者的空间结构
64	PT_{CoverBy-During}	一个空间过程在另一个空间过程发生之后发生，且在结束之前结束，后者的空间结构覆盖前者的空间结构
65	PT_{CoverBy-DuringBy}	一个空间过程在另一个空间过程发生之前发生，且在结束之后结束，后者的空间结构覆盖前者的空间结构
66	PT_{Equal-Before}	一个空间过程在另一个空间过程发生之前发生，两个过程具有相同的空间结构
67	PT_{Equal-After}	一个空间过程在另一个空间过程结束之后发生，两个过程具有相同的空间结构
68	PT_{Equal-Overlap}	一个空间过程在另一个空间过程发生之前发生，两者相交，且在结束之前结束，两个过程具有相同的空间结构
69	PT_{Equal-OverlapBy}	一个空间过程在另一个空间过程发生之后发生，两者相交，且在结束之后结束，两个过程具有相同的空间结构
70	PT_{Equal-Start}	两个空间过程共同发生，但一个空间过程在另一个空间过程结束前结束，两个过程具有相同的空间结构
71	PT_{Equal-StartBy}	两个空间过程共同发生，但一个空间过程在另一个空间过程结束后结束，两个过程具有相同的空间结构

续表

序号	拓扑关系	过程拓扑语义
72	PT$_{Equal-Finish}$	两个空间过程共同结束，但一个空间过程在另一个空间过程发生前发生，两个过程具有相同的空间结构
73	PT$_{Equal-FinishBy}$	两个空间过程共同结束，但一个空间过程在另一个空间过程发生后发生，两个过程具有相同的空间结构
74	PT$_{Equal-Equal}$	两个空间过程共同发生，同时共同结束，且具有相同的空间结构
75	PT$_{Equal-Meet}$	一个空间过程在另一个空间过程结束之后发生，两者没有交集，两个过程具有相同的空间结构
76	PT$_{Equal-MeetBy}$	一个空间过程在另一个空间过程发生之前结束，两者相交，且在结束之后结束，两个过程具有相同的空间结构
77	PT$_{Equal-During}$	一个空间过程在另一个空间过程发生之后发生，且在结束之前结束，两个过程具有相同的空间结构
78	PT$_{Equal-DuringBy}$	一个空间过程在另一个空间过程发生之前发生，且在结束之后结束，两个过程具有相同的空间结构
79	PT$_{Inside-Before}$	一个空间过程在另一个空间过程发生之前发生，前者的空间结构完全包含后者的空间结构
80	PT$_{Inside-After}$	一个空间过程在另一个空间过程结束之后发生，前者的空间结构完全包含后者的空间结构
81	PT$_{Inside-Overlap}$	一个空间过程在另一个空间过程发生之前发生，两者相交，且在结束之前结束，前者的空间结构完全包含后者的空间结构
82	PT$_{Inside-OverlapBy}$	一个空间过程在另一个空间过程发生之后发生，两者相交，且在结束之前结束，前者的空间结构完全包含后者的空间结构
83	PT$_{Inside-Start}$	两个空间过程共同发生，但一个空间过程在另一个空间过程结束前结束，前者的空间结构完全包含后者的空间结构
84	PT$_{Inside-StartBy}$	两个空间过程共同发生，但一个空间过程在另一个空间过程结束后结束，前者的空间结构完全包含后者的空间结构
85	PT$_{Inside-Finish}$	两个空间过程共同结束，但一个空间过程在另一个空间过程发生前发生，前者的空间结构完全包含后者的空间结构
86	PT$_{Inside-FinishBy}$	两个空间过程共同结束，但一个空间过程在另一个空间过程发生后发生，前者的空间结构完全包含后者的空间结构
87	PT$_{Inside-Equal}$	两个空间过程共同发生，同时共同结束，前者的空间结构完全包含后者的空间结构
88	PT$_{Inside-Meet}$	一个空间过程在另一个空间过程结束之后发生，两者没有交集，但前者的空间结构完全包含后者的空间结构
89	PT$_{Inside-MeetBy}$	一个空间过程在另一个空间过程发生之前结束，两者相交，且在结束之后结束，前者的空间结构完全包含后者的空间结构
90	PT$_{Inside-During}$	一个空间过程在另一个空间过程发生之后发生，且在结束之前结束，前者的空间结构完全包含后者的空间结构
91	PT$_{Inside-DuringBy}$	一个空间过程在另一个空间过程发生之前发生，且在结束之后结束，前者的空间结构完全包含后者的空间结构
92	PT$_{Contain-Before}$	一个空间过程在另一个空间过程发生之前发生，后者的空间结构完全包含前者的空间结构
93	PT$_{Contain-After}$	一个空间过程在另一个空间过程结束之后发生，后者的空间结构完全包含前者的空间结构

序号	拓扑关系	过程拓扑语义
94	PT$_{Contain-Overlap}$	一个空间过程在另一个空间过程发生之前发生，两者相交，且在结束之前结束，后者的空间结构完全包含前者的空间结构
95	PT$_{Contain-OverlapBy}$	一个空间过程在另一个空间过程发生之后发生，两者相交，且在结束之后结束，后者的空间结构完全包含前者的空间结构
96	PT$_{Contain-Start}$	两个空间过程共同发生，但一个空间过程在另一个空间过程结束前结束，后者的空间结构完全包含前者的空间结构
97	PT$_{Contain-StartBy}$	两个空间过程共同发生，但一个空间过程在另一个空间过程结束后结束，后者的空间结构完全包含前者的空间结构
98	PT$_{Contain-Finish}$	两个空间过程共同结束，但一个空间过程在另一个空间过程发生前发生，后者的空间结构完全包含前者的空间结构
99	PT$_{Contain-FinishBy}$	两个空间过程共同结束，但一个空间过程在另一个空间过程发生后发生，后者的空间结构完全包含前者的空间结构
100	PT$_{Contain-Equal}$	两个空间过程共同发生，同时共同结束，且后者的空间结构完全包含前者的空间结构
101	PT$_{Contain-Meet}$	一个空间过程在另一个空间过程结束之后发生，两者没有交集，后者的空间结构完全包含前者的空间结构
102	PT$_{Contain-MeetBy}$	一个空间过程在另一个空间过程发生之前结束，两者相交，且在结束之后结束，后者的空间结构完全包含前者的空间结构
103	PT$_{Contain-During}$	一个空间过程在另一个空间过程发生之后发生，且在结束之前结束，后者的空间结构完全包含前者的空间结构
104	PT$_{Contain-DuringBy}$	一个空间过程在另一个空间过程发生之前发生，且在结束之后结束，后者的空间结构完全包含前者的空间结构

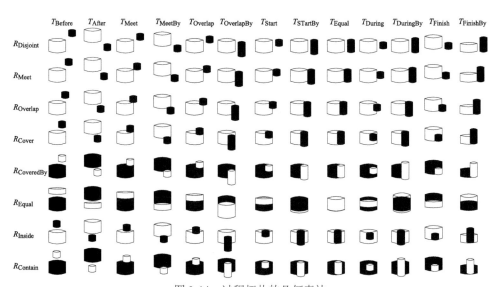

图 3-14 过程拓扑的几何表达

	T_{Before}	T_{After}	T_{Meet}	T_{MeetBy}	$T_{Overlap}$	$T_{OverlapBy}$	T_{Start}	$T_{StartBy}$	T_{Equal}	T_{During}	$T_{DuringBy}$	R_{Finish}	$R_{FinishBy}$
$R_{Disjoint}$	$\begin{bmatrix}0&0\\0&0\end{bmatrix}$	$\begin{bmatrix}0&0\\0&0\end{bmatrix}$	$\begin{bmatrix}0&0\\0&1\end{bmatrix}$	$\begin{bmatrix}0&0\\0&1\end{bmatrix}$	$\begin{bmatrix}0&1\\0&1\end{bmatrix}$	$\begin{bmatrix}0&1\\0&1\end{bmatrix}$	$\begin{bmatrix}0&1\\0&1\end{bmatrix}$	$\begin{bmatrix}0&0\\0&1\end{bmatrix}$	$\begin{bmatrix}0&1\\0&1\end{bmatrix}$	$\begin{bmatrix}0&0\\0&1\end{bmatrix}$	$\begin{bmatrix}0&0\\0&1\end{bmatrix}$	$\begin{bmatrix}0&0\\0&1\end{bmatrix}$	$\begin{bmatrix}0&1\\0&1\end{bmatrix}$
R_{Meet}	$\begin{bmatrix}0&0\\0&1\end{bmatrix}$	$\begin{bmatrix}0&0\\0&1\end{bmatrix}$	$\begin{bmatrix}0&0\\0&1\end{bmatrix}$	$\begin{bmatrix}0&0\\0&1\end{bmatrix}$	$\begin{bmatrix}0&1\\0&1\end{bmatrix}$	$\begin{bmatrix}0&1\\0&1\end{bmatrix}$	$\begin{bmatrix}0&1\\0&1\end{bmatrix}$	$\begin{bmatrix}0&0\\0&1\end{bmatrix}$	$\begin{bmatrix}0&1\\0&1\end{bmatrix}$	$\begin{bmatrix}0&0\\0&1\end{bmatrix}$	$\begin{bmatrix}0&0\\0&1\end{bmatrix}$	$\begin{bmatrix}0&0\\0&1\end{bmatrix}$	$\begin{bmatrix}0&1\\0&1\end{bmatrix}$
$R_{Overlap}$	$\begin{bmatrix}1&1\\1&1\end{bmatrix}$	$\begin{bmatrix}1&1\\1&1\end{bmatrix}$	$\begin{bmatrix}1&1\\1&1\end{bmatrix}$	$\begin{bmatrix}1&1\\1&1\end{bmatrix}$	$\begin{bmatrix}1&1\\1&1\end{bmatrix}$	$\begin{bmatrix}1&1\\1&1\end{bmatrix}$	$\begin{bmatrix}1&1\\1&1\end{bmatrix}$	$\begin{bmatrix}1&1\\1&1\end{bmatrix}$	$\begin{bmatrix}1&1\\1&1\end{bmatrix}$	$\begin{bmatrix}1&1\\1&1\end{bmatrix}$	$\begin{bmatrix}1&1\\1&1\end{bmatrix}$	$\begin{bmatrix}1&1\\1&1\end{bmatrix}$	$\begin{bmatrix}1&1\\1&1\end{bmatrix}$
R_{Cover}	$\begin{bmatrix}1&0\\1&1\end{bmatrix}$	$\begin{bmatrix}1&0\\1&1\end{bmatrix}$	$\begin{bmatrix}1&0\\1&1\end{bmatrix}$	$\begin{bmatrix}1&0\\1&1\end{bmatrix}$	$\begin{bmatrix}1&1\\1&1\end{bmatrix}$	$\begin{bmatrix}1&1\\1&1\end{bmatrix}$	$\begin{bmatrix}1&1\\1&1\end{bmatrix}$	$\begin{bmatrix}1&0\\1&1\end{bmatrix}$	$\begin{bmatrix}1&1\\1&1\end{bmatrix}$	$\begin{bmatrix}1&0\\1&1\end{bmatrix}$	$\begin{bmatrix}1&0\\1&1\end{bmatrix}$	$\begin{bmatrix}1&0\\1&1\end{bmatrix}$	$\begin{bmatrix}1&1\\1&1\end{bmatrix}$
$R_{CoveredBy}$	$\begin{bmatrix}1&1\\0&1\end{bmatrix}$	$\begin{bmatrix}1&1\\0&1\end{bmatrix}$	$\begin{bmatrix}1&1\\0&1\end{bmatrix}$	$\begin{bmatrix}1&1\\0&1\end{bmatrix}$	$\begin{bmatrix}1&1\\0&1\end{bmatrix}$	$\begin{bmatrix}1&1\\0&1\end{bmatrix}$	$\begin{bmatrix}1&1\\0&1\end{bmatrix}$	$\begin{bmatrix}1&1\\0&1\end{bmatrix}$	$\begin{bmatrix}1&1\\0&1\end{bmatrix}$	$\begin{bmatrix}1&1\\0&1\end{bmatrix}$	$\begin{bmatrix}1&1\\0&1\end{bmatrix}$	$\begin{bmatrix}1&1\\0&1\end{bmatrix}$	$\begin{bmatrix}1&1\\0&1\end{bmatrix}$
R_{Equal}	$\begin{bmatrix}1&0\\0&1\end{bmatrix}$	$\begin{bmatrix}1&0\\0&1\end{bmatrix}$	$\begin{bmatrix}1&0\\0&1\end{bmatrix}$	$\begin{bmatrix}1&0\\0&1\end{bmatrix}$	$\begin{bmatrix}1&0\\0&1\end{bmatrix}$	$\begin{bmatrix}1&1\\0&1\end{bmatrix}$	$\begin{bmatrix}1&0\\0&1\end{bmatrix}$	$\begin{bmatrix}1&0\\0&1\end{bmatrix}$	$\begin{bmatrix}1&0\\0&1\end{bmatrix}$	$\begin{bmatrix}1&0\\0&1\end{bmatrix}$	$\begin{bmatrix}1&0\\0&1\end{bmatrix}$	$\begin{bmatrix}1&0\\0&1\end{bmatrix}$	$\begin{bmatrix}1&0\\0&1\end{bmatrix}$
R_{Inside}	$\begin{bmatrix}0&0\\1&1\end{bmatrix}$	$\begin{bmatrix}0&0\\1&1\end{bmatrix}$	$\begin{bmatrix}0&0\\1&1\end{bmatrix}$	$\begin{bmatrix}0&0\\1&1\end{bmatrix}$	$\begin{bmatrix}0&1\\1&1\end{bmatrix}$	$\begin{bmatrix}0&1\\1&1\end{bmatrix}$	$\begin{bmatrix}0&1\\1&1\end{bmatrix}$	$\begin{bmatrix}0&0\\1&1\end{bmatrix}$	$\begin{bmatrix}0&1\\1&1\end{bmatrix}$	$\begin{bmatrix}0&0\\1&1\end{bmatrix}$	$\begin{bmatrix}0&0\\1&1\end{bmatrix}$	$\begin{bmatrix}0&0\\1&1\end{bmatrix}$	$\begin{bmatrix}0&1\\1&1\end{bmatrix}$
$R_{Contain}$	$\begin{bmatrix}0&1\\0&1\end{bmatrix}$	$\begin{bmatrix}0&1\\0&1\end{bmatrix}$	$\begin{bmatrix}0&1\\0&1\end{bmatrix}$	$\begin{bmatrix}0&1\\0&1\end{bmatrix}$	$\begin{bmatrix}0&1\\0&1\end{bmatrix}$	$\begin{bmatrix}0&1\\0&1\end{bmatrix}$	$\begin{bmatrix}0&1\\0&1\end{bmatrix}$	$\begin{bmatrix}0&1\\0&1\end{bmatrix}$	$\begin{bmatrix}1&1\\0&1\end{bmatrix}$	$\begin{bmatrix}0&1\\0&1\end{bmatrix}$	$\begin{bmatrix}0&1\\0&1\end{bmatrix}$	$\begin{bmatrix}0&1\\0&1\end{bmatrix}$	$\begin{bmatrix}0&1\\0&1\end{bmatrix}$

图 3-15　过程拓扑基于 4-交模型的计算机存储表达

3. 过程拓扑概念邻居分析

空间拓扑概念邻居描述空间拓扑关系状态的转变性和空间关系的相似性；时态拓扑描述时态关系的相似性与时态的连续性。因而，时空拓扑概念邻居刻画时空相似性与时空现象的动态变化，为进一步的时空推理奠定基础。

基于笛卡儿积运算集成的时空拓扑等同地集成了空间拓扑和时间拓扑，其概念邻居可以以时态拓扑为基础扩展空间拓扑，也可以以空间拓扑为基础扩展时态拓扑，两者具有等同的时空拓扑概念邻居框架。图 3-16 和图 3-17 分别给出了空间拓扑和时态拓扑概念邻居的框架结构。

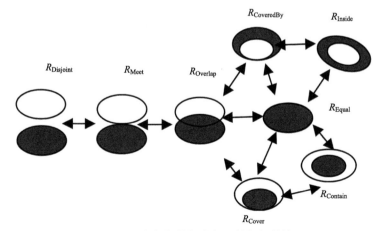

图 3-16　空间拓扑概念邻居的框架结构

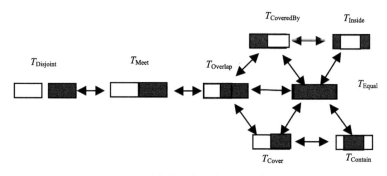

图 3-17   时态拓扑概念邻居的框架结构

鉴于时空拓扑的复杂性，在此不详细给出每一种时空拓扑的概念邻居，而是给出每一种时空拓扑概念邻居的推理算法与流程。空间拓扑和时间拓扑的等同性使得无论从空间拓扑上扩展时态拓扑，还是从时态拓扑上扩展空间拓扑都得到相同的时空拓扑概念邻居。图 3-18 和图 3-19 分别给出时空拓扑为 RTMeet-Cover，基于时态拓扑扩展与基于空间拓扑扩展的时空概念邻居，两者具有完全相同的时空概念邻居框架。因而，以从空间拓扑上扩展时态拓扑为例，来说明时空拓扑概念邻居的求解算法与流程。基于空间拓扑扩展的时空拓扑概念邻居求解算法和流程如下：

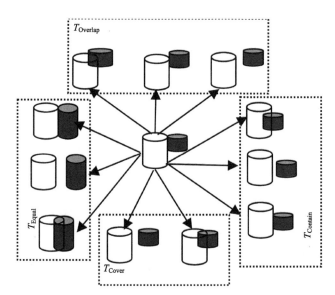

图 3-18   基于时态拓扑扩展的时空拓扑概念邻居

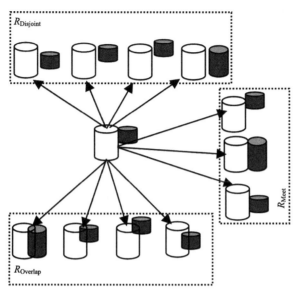

图 3-19　基于空间拓扑扩展的时空拓扑概念邻居

（1）时空拓扑 RT_{ij} 参照图 3-12 投影运算得到空间拓扑 RP_i 和时态拓扑 TP_j。

（2）参照图 3-19 计算 RP_i 的概念邻居，记为 $N(rp) = \{rp_2, rp_3, \cdots\}$，并记录概念邻居的个数为 n。

（3）参照图 3-18 计算 TP_j 的概念邻居，记为 $N(tp) = \{tp_2, tp_3, \cdots\}$，并记录概念邻居的个数为 m。

（4）时空拓扑 RT_{ij} 的概念邻居为 $RP_i \bigcup N(rp)$ 与 $TP_j \bigcup N(tp)$ 的笛卡儿积运算的集合与 RT_{ij} 的差集，记为

$$N(RT_{ij}) = [RP_i \bigcup N(rp)] \oplus [TP_j \bigcup N(tp)] - \{RT_{ij}\}$$

3.3　海洋时空过程对象化

海洋时空过程对象化是利用面向对象技术与计算机技术，对海洋现象或实体的空间形态、时态信息与物理属性进行对象化的表达、组织及进一步的过程操作，主要解决海洋现象或实体的过程对象表达、组织与时空逻辑操作。

3.3.1　海洋时空过程对象结构

海洋时空过程对象结构本质上是如何用对象的思想对海洋时空过程进行表达，即采用什么样的对象结构实现过程的科学表达、组织与分析。过程本身不仅

包括过程载体(海洋现象或实体),更重要的是还包括现象或实体连续变化的机制。因而,海洋时空过程的对象化,不仅要对现象或实体进行对象化,而且还要对内在变化的机制进行对象化处理。

海洋时空过程的类型表明,海洋时空过程包括简单海洋时空过程与复杂海洋时空过程。根据构成过程的海洋对象特性与 GIS 对象组织,海洋时空过程泛化为四个子类,即点、线、面、体时空过程。图 3-20 给出了海洋过程对象结构的 UML 图。

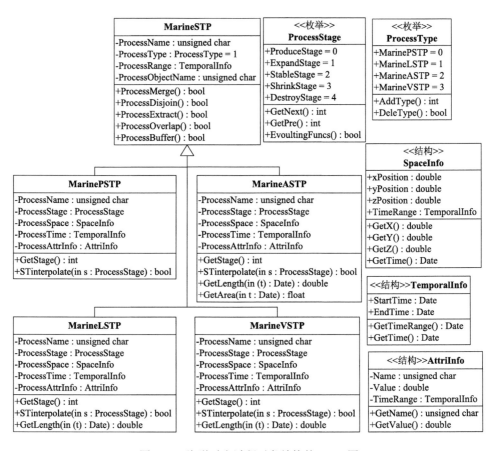

图 3-20　海洋时空过程对象结构的 UML 图

在图 3-20 中,重要的一点是,除父类即海洋时空过程外,其他四个子类都有自身的时空插值操作算子,且在不同的时空过程序列,时空插值操作算子不同。该时空插值算子与父类中的时空过程操作共同实现了现象或实体的连续渐变的演变序列。除此之外，海洋时空过程对象的结构图中还包括 2 个枚举类型和 3 个结构体类型，以共同实现海洋时空过程的对象表达。

枚举类型 ProcessType 表达时空过程类型，而 ProcessStage 用来表达时空过程的各个阶段。不同的时空过程类型与不同的时空过程序列的表达，一方面简化了时空过程的表达，另一方面提高了时空过程操作效率。采用枚举类型的优势在于，不同类型的时空过程与过程的不同阶段，由于过程自身特性不同，其对应的时空操作也存在差异，以致无法采用统一的模式进行表达组织。

三种结构体类型 SpaceInfo、AttriInfo 和 TemporalInfo 分别记录过程的空间信息、属性信息及其在时空上的变化过程，三者之间利用过程的唯一标识关联。

3.3.2　海洋时空过程对象 BNF 范式表达

根据上述理解，海洋时空过程对象表达的基本内容包括：①过程包含的现象或实体名称；②对象的空间信息、空间形态及其随时间的变化；③对象的时态信息；④对象的属性信息及其随时间的变化；⑤对象连续渐变的内在机制。因而，海洋时空过程对象表达的 BNF 范式如下：

<MSTP> :: = <PID> <ObjectName> [PType] < ProductSubP > < ExpandSubP > < StableSubP > < ShrinkSubP > < DestroySubP > < PTemporal（ts, te）> < PAttriInfo > [{ PEvents }] [{PInterpolation}] < PConstraints）>，其中

MSTP：海洋时空过程类。

PID：时空框架体系下，海洋时空过程的唯一标识符。

ObjectName：海洋时空过程包括现象或实体名称。

PType：海洋时空过程类型，简单时空过程或复杂时空过程。

ProductSubP、ExpandSubP、StableSubP、ShrinkSubP、DestroySubP：海洋过程内部的子过程，分别为海洋时空过程的产生子过程、扩展子过程、稳定子过程、消减子过程与消亡子过程，它们共同构成海洋时空过程。

PTemporal（ts, te）：海洋时空过程的生命周期，用来刻画海洋对象产生与消亡的时态信息。

PAttriInfo：海洋时空过程公共属性信息。

PEvents, PInterpolation：海洋时空过程通用操作与时空插值算法，如时空过程合并、分裂、抽取、时空过程与其他时空过程类型间的关联关系等。

PConstraints：海洋点空过程的时空约束条件。

BNF 范式的各种符号语义说明如表 3-2 所示。

表 3-2　BNF 范式的各种符号语义说明

符号	语义	符号	语义
::=	被定义为	|	左右两边任选一项
< >	包含的内容为必选项	[ ]	包含的内容为可选项
{ }	包含的内容可重复 0 至无数次的项		

PType 为海洋时空过程类型，其 BNF 范式定义为：<PType> ::= simple|complex。

ProductSubP、ExpandSubP、StableSubP、ShrinkSubP、DestroySubP 为海洋过程内部的子过程，尽管其内部的时空过程操作不同，但却具有相同的内部结构。其 BNF 范式定义为：<SubProcess> ::= <SubProcessID> <SubSpaceInfo(x, y, z, t)> <SubAttrInfo(a, t)> <SubTime(ts,te)>,)，[{SubEvents}] [{SubSTInterpolation}]> <Pre, Nest>。其中：

SubProcess 为 ProductSubP、ExpandSubP、StableSubP、ShrinkSubP、DestroySubP 的任意一种。

SubProcessID：时空统一参考框架下，海洋时空过程的子过程唯一标识符。

SubSpaceInfo：子过程对象的空间信息(x, y, z)描述及其随时间 t 变化的空间特性与空间形态信息。

SubAttrInfo：子过程对象的属性信息(a)描述及其随时间 t 变化的非空间属性描述。

SubTime：子过程的时态性描述，记录子过程的生命周期。

SubEvents、SubSTInterpolation：子过程的事件与子过程的时空插值函数，保证了海洋时空过程的连续渐变性。在不同的子过程内部，发生的事件与时空过程的插值操作是不同的，甚至截然相反，这需要在不同的子过程内部刻画不同的事件、设计不同的时空操作算子。

<Pre, Nest>：子过程上一子过程与下一子过程的关联指针，当 SubProcessID 为 ProductSubP 子过程 ID 时，Pre 指向 NULL，Nest 指向 ExpandSubP；当 SubProcessID 为 DestroySubP 子过程的 ID 时，Pre 指向 ShrinkSubP，Nest 指向 NULL。这种关联指针机制保证了过程内部连续性。

3.3.3　海洋时空过程对象类

根据海洋时空过程时空粒度的大小，海洋时空过程的对象分级体系结构依次为海洋时空过程集合、海洋时空过程、海洋时空子过程、演变序列、时刻状态、状态与变元。海洋时空过程的对象分级体系结构并不完全具备对象的语义抽象，即上一级的对象不能包含序列的下一级对象，上下级对象之间必须包含特定的算法结构才能保证上下级对象的语义概括。因而，与海洋时空过程的对象分级体系结构相对应的算法结构依次为时空统一参考框架、时空过程关联机制、过程内部关联机制、演变机制、时态约束、空间约束。

　　对象集合抽象为对象集，算法集合抽象为算法集，则海洋时空为对象集与算法集构成的时空域。采用过程对象类组织，与海洋时空域对应的过程类依次为过程集类、过程类、子过程类、演变序列类、时刻状态类、实体与像素。海洋时空过程的对象集、算法集及与之对应的过程对象类组织结构如图 3-21 所示。

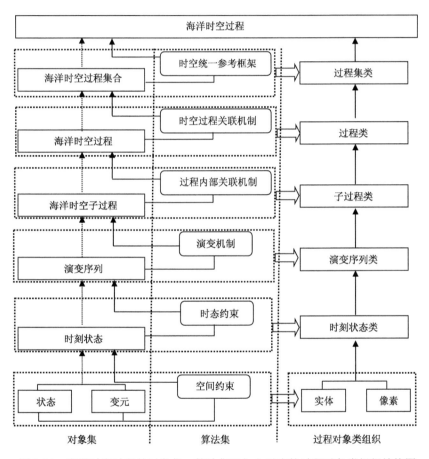

图 3-21　海洋时空过程的对象集、算法集及与之对应的过程对象类组织结构图

1. 过程集类

　　过程集类是海洋时空过程对象中所有类的父类，用来描述海洋时空域中所有过程对象的存在形态、结构、各种关系及海洋时空参考框架。根据面向对象中类的继承特性，过程集类具有所有类共有的属性与行为操作，即过程集类的属性和

行为在海洋时空过程域中具有共性和通用性。过程集类的数据结构如下所示。

```
Class CMaProcesses                        //过程集类的定义
{
Public:
    CString mProcessName;                 //过程集类的名称
    Int mProcessNum;                      //过程集中包含的过程个数
    CProcessSpatialReference mSpatialReference;      //时空过程的空间参考
CProcesTemporalReference mTemporalReference; //时空过程的空间参考
    /* CProcessSpatialReference 和 CProcesTemporalReference 是枚举类型，分别
代表空间参考系统和时间参考系统，它们确定了时空过程表达的模式*/
Public:
    Int GetProcessNum ();                          //获取过程集中过程的个数
    CProcessSpatialReference GetSpatialReference ();   //获取过程集的空间参考
CProcessTemporalReference GetTemporalReference (); //获取过程集的时间参考
    Bool SetSpatialReference ();                   //设置过程集的空间参考
    Bool SetTemporalReference ();                  //设置过程集的时间参考
};
```

2. 过程类

过程类描述具有相同属性和操作行为的过程集合，如海洋点时空过程类，用来描述具有点状特性的海洋时空过程，包括过程的空间信息、时态信息和属性信息。过程类的数据结构 VC++6.0 语言描述如下（主要属性和行为）。

```
Class CProcess :Public CMaProcesses             //过程类的结构定义
{
Public:
    ProcessType mProcessType;              //过程类型
    ProcessSpatialInfo mSpatialInfo;       //过程的空间信息
ProcessTemporalInfo mTemporalInfo;         //过程的时间信息
ProcessAttributeInfo mAttributInfo;        //过程的属性信息
    /* ProcessType 枚举类型，0：点过程；1：线过程；2：面过程；3：体过程
    ProcessSpatialInfo，ProcessTemporalInfo，ProcessAttributeInfo 为结构体类
型*/
Public:
    Bool ProcessExpand ();                         //过程扩展函数
```

```
Bool ProcessShrink();                      //过程缩减函数
Bool ProcessButter();                      //过程的缓冲分析
Bool ProcessOverlap();                     //过程的叠置分析
};
```

3. 子过程类

子过程类是对过程类的进一步细分。如前所述，任意一海洋时空过程在不同的发展阶段，其时空行为是完全不同的，因而其空间信息、时态信息和属性信息的组织表达模式也存在较大差异。子过程类除继承其父类的基本属性与操作行为外，还具有自身的属性与时空行为。子过程类的数据结构 VC++6.0 语言描述如下（主要属性和行为）。

```
Class CSubProcess :Public CProcess         //过程类的定义
{
Public:
    ProcessStage mProcessStage;            //子过程类型
    Int Array<ProcessStage,ProcessStage>;  //子过程的前后子过程
/* ProcessStage 枚举类型，0：产生子过程；1：扩展子过程；2：稳定子过程；
3：消弱子过程；4：消亡子过程*/
Public:
    Int GetSubprocessCurrentStage();       //获取子过程的当前状态
    Int GetSubprocessPreStage();           //获取子过程的前一状态
    Int GetSubprocessNestStage();          //获取子过程的后一状态
    Bool STInterpolatation();              //子过程当前状态的时空插值操作
    Bool SubProcessDynamicModel();         //子过程当前状态的动力模型
};
```

4. 时刻状态集类

时刻状态集类描述时空过程静态状态的序列，演变机制刻画时空过程静态状态的时态序列关系。过程演变机制的本质是信息、能量的增强或消减，而计算机的实现模式是时空动力模型、时空插值操作、过程的合并、分裂事件等。时刻状态集类的数据结构 VC++6.0 语言描述如下（主要属性和行为）。

Class CAtomUnits:Public CSubProcess　　　　//原子单元集类的结构定义

{

Public:

　　AtomUnitsTemporalInfo mTemporalInfo;　　//原子单元集的时态信息

/* AtomUnitsTemporalInfo 结构体类型，包括原子单元集的开始时间、结束时间及时态信息的基本操作*/

Public:

　　Int GetSubprocessStage();　　　　//获取子过程状态的类型

　　Bool GetAtomUnitStage();　　　　//获取原子单元集某时刻的状态

　　Bool STInterpolatation();　　　　//原子单元集的时空插值操作

　　Bool SubProcessDynamicModel();　　//原子单元集的动力模型

};

5. 时刻状态类

时刻状态类描述时空过程某时刻的对象状态信息，刻画过程的空间形态、结构与功能。时刻状态类似于传统的空间数据模型描述的空间对象或时空快照模型描述的某时刻的状态值，不包含任何时态信息。时刻状态间通过时态约束关系，构成时态演变序列。时刻状态类的数据结构 VC++6.0 语言描述如下（主要属性和行为）。

Class CAtomUnit:Public CAtomUnits　　　　//原子单元类的结构定义

{

Public:

　　AtomUnitSpatialInfo mSpatialInfo;　　//原子单元的空间信息

/* AtomUnitSpatialInfo 结构体类型，包括原子单元的空间范围、空间关系及基本操作*/

Public:

　　Bool GetAtomUnitTemproalTopo();　　//获取原子单元之间的时态关系

};

6. 实体和像素

实体和像素是海洋时空过程对象组织的最基本单元，是时刻状态表达的两种基本形式，它们通过空间约束关系构成时刻状态。矢量与栅格数据模型在底层数据的组织与表达方面具有同等重要的作用。基于矢量的数据模型，把时空过程抽象为系列的相互关联的实体过程，如点实体、线实体、面实体、体实体等；基于栅格的数据模型把时空过程抽象为系列相互联系的像素序列。实体和像素的本质是底层表达组织与存储的不同模式，因而海洋时空过程的对象组织也存在两种不同的组织模式。实体的数据结构 VC++6.0 语言描述如下（主要属性和行为）。

```
Class CEntity:Public CAtomUnit          //实体的结构定义
{
Public:
    double mLocationX;                  //实体的空间位置信息
    double mLocationY;                  //实体的空间位置信息
double mLocationZ;                      //实体的空间位置信息
EntityAttriValue mAttriValue;           //实体的属性值
/* EntityAttriValue 结构体类型，存储海洋实体的属性信息，包括其温度、盐
度、浓度等*/
Public:
    double GetLocationX();              //获取实体的空间位置
double GetLocationY();                  //获取实体的空间位置
    double GetLocationZ();              //获取实体的空间位置
    double GetAttriValue();             //获取实体的属性信息
};
```

像素的数据结构 VC++6.0 语言描述如下（主要属性和行为）。

```
Class CPixel:Public CAtomUnit          //像素的结构定义
{
Public:
    Long mRow;                         //像素的行号
    Long mCol;                         //像素的列号
    double mAttriValue;                //像素的属性值
Public:
    Long GetRow();                     //获取像素的行号
    Long GetCol();                     //获取像素的列号
    double GetPixelValue();            //获取像素的属性值
};
```

3.4　海洋时空过程算子

时空过程分析算子(process-oriented spatiotemporal operators)是 PoMASTM 的重要组成部分。时空过程分析算子在模型内部实现,一方面保证了时空过程对象的时空分析,另一方面也保证了过程对象的连续渐变表达、存储与分析。其中,后者的实现是 PoMASTM 与其他时空数据模型的重要区别(其他时空过程数据模型无法表达海洋实体或现象的连续渐变特性)。

从分析算子对象的角度分析,海洋时空过程分析算子分为空间分析算子(spatial operators)、时态分析算子(temporal operators)、属性分析算子(attributes operators)与过程分析算子(process operators);从过程本身的角度分析,前三者属于过程内部分析算子,后者属于过程间分析算子。过程内部分析算子保证了过程的内在连续性,而过程间分析算子实现了过程间的相互关联,构成了整个时空过程分析。

3.4.1　空间分析算子

根据对时态数据处理的能力,空间分析算子可分为空间状态分析算子(spatial operators on snap-shot)与空间演变分析算子(spatial operators on evolution)。空间状态分析算子实现海洋时空过程对象在某个时刻空间信息与在不同时刻空间形态分布信息的分析;而空间演变分析算子则刻画空间形态信息随时间的变化。

1. 空间状态分析算子

根据处理对象的不同,空间状态分析算子函数可分为空间位置分析算子(spatial operators on location)、空间属性分析算子(spatial operators on attribute)、空间对象分析算子(spatial operators on object)与空间拓扑分析算子(spatial operators on topology)。空间位置分析算子实现时空过程对象在某个时刻空间位置的获取;空间属性分析算子实现时空过程对象在某个时刻空间属性的获取,包括长度、面积、体积等;而空间对象分析算子实现时空过程对象在某个时刻对象的缓冲分析、叠置分析等;空间拓扑分析算子刻画时空过程对象在某时刻的空间状态之间的拓扑关系。

空间位置分析算子函数名称、返回类型及功能说明如表 3-3 所示;空间属性分析算子函数名称、返回类型及功能说明如表 3-4 所示;空间对象分析算子函数如表 3-5 所示;空间拓扑分析算子函数如表 3-6 所示。

表 3-3　空间位置分析算子函数

函数名称	返回类型	功能说明
GetX (CTime,CPointProcessObject)	double	返回点过程对象某时刻的 X 坐标信息
GetY (CTime,CPointProcessObject)	double	返回点过程对象某时刻的 Y 坐标信息
GetZ (CTime,CPointProcessObject)	double	返回点过程对象某时刻的 Z 坐标信息
GetStartVertix (CTime, CLineProcessObject)	CPointObject	返回线过程对象某时刻的起始节点坐标信息
GetEndVertix (CTime, CLineProcessObject)	CPointObject	返回线过程对象某时刻的终止节点坐标信息
GetStartVertix (CTime, CAreaProcessObject)	CPointObject	返回面过程对象某时刻的起始节点坐标信息
GetEndVertix (CTime, CAreaProcessObject)	CPointObject	返回面过程对象某时刻的终止节点坐标信息
GetStartVertix (CTime, CVoxelProcessObject)	CPointObject	返回体过程对象某时刻的起始节点坐标信息
GetEndVertix (CTime, CVoxelProcessObject)	CPointObject	返回体过程对象某时刻的终止节点坐标信息
GetRows (CTime, CObject)	Long	返回点、线、面过程对象在某时刻的行数(栅格数据)
GetCols (CTime, CObject)	Long	返回点、线、面过程对象在某时刻的列数(栅格数据)
GetSpaceCoverage (POID)	CSpace	返回面过程对象的空间范围

注：CTime 表示时间类型,表达时空过程对象周期内某时刻。

CPointProcessObject、CLineProcessObject、CAreaProcessObject 和 CVoxel ProcessObject 分别表达点过程对象、过程状态对象或过程序列对象；线过程对象、过程状态对象或过程序列对象；面过程对象、过程状态对象或过程序列对象；体过程对象、过程状态对象或过程序列对象。

CObject 表示点、线、面、过程对象(栅格数据)。

POID 表示过程对象 ID、序列对象 ID 或状态对象 ID。

CSpace 表示空间区域类型,即时空过程对象 CProcessObject 的空间范围。

表 3-4　空间属性分析算子函数

函数名称	返回类型	功能说明
GetLength (CTime,CLineProcessObject)	double	返回线过程对象某时刻的长度
GetLength (CTime,CAreaProcessObject)	double	返回面过程对象某时刻的长度
GetArea (CTime,CAreaProcessObject)	double	返回线过程对象某时刻的面积
GetVolum (CTime,CVoxelProcessObject)	double	返回面过程对象某时刻的面积
GetLength (CTime, POID)	double	返回点、线、面过程对象在某时刻的长度(栅格数据)
GetArea (CTime, POID)	double	返回点、线、面过程对象在某时刻的面积(栅格数据)

注：参数含义与表 3-3 相同。

表 3-5　空间对象分析算子函数

函数名称	返回类型	功能说明
GetObject (CTime, POID)	CObject	获取时空过程对象在某时刻的对象状态
Buffer (CTime, POID)	CObject	时空过程对象在某时刻缓冲区操作。点、线、面对象缓冲操作结果为面对象，体操作结果为体对象
InterSect (CTime, POID, CTime, POID)	CObject	时空过程对象在某时刻的交操作。获取时空对象在某时刻的公共部分，参数 CObject 类型必须相同
Union (CTime, POID, CTime, POID)	CObject	时空过程对象在某时刻的和操作。获取时空对象在某时刻的可能部分，参数 CObject 类型必须相同
Difference (CTime, POID, CTime, POID)	CObject	时空过程对象在某时刻的异操作。获取某时刻原时空对象与比较时空对象的不同部分，参数 CObject 类型必须相同
SymDifference (CTime, POID,CTime, POID)	CObject	时空过程对象在某时刻的对称异操作。获取时空对象在某时刻不同部分的集合，参数 CObject 类型必须相同

注：参数含义与表 3-3 相同。

表 3-6　空间拓扑分析算子函数

函数名称	返回类型	功能说明
sDisjoint (CTime,CObject, CTime,CObject)	BOOL	返回时空过程对象在某时刻是否相离，True 相离、False 不相离；CObject 可以为点、线、面、体过程对象
sMeet (CTime,CObject, CTime,CObject)	BOOL	返回时空过程对象在某时刻是否相切，True 相切、False 不相切；CObject 可以为面、体过程对象
sOverlap (CTime,CObject, CTime,CObject)	BOOL	返回时空过程对象在某时刻是否相交，True 相交、False 不相交；CObject 可以为面、体过程对象
sContain (CTime,CObject, CTime,CObject)	BOOL	返回时空过程对象在某时刻是否包含，True 包含、False 不包含；CObject 可以为线、面、体过程对象
sInside (CTime,CObject, CTime,CObject)	BOOL	返回时空过程对象在某时刻是否被包含，True 被包含、False 不被包含；CObject 可以为面、体过程对象
sEqual (CTime,CObject, CTime,CObject)	BOOL	返回时空过程对象在某时刻是否相等，True 相等、False 不相等；CObject 可以为点、线、面、体过程对象
sCover (CTime,CObject, CTime,CObject)	BOOL	返回时空过程对象在某时刻是否覆盖，True 覆盖、False 不覆盖；CObject 可以为面、体过程对象
sCoveredBy (CTime, CObject,CTime,CObject)	BOOL	返回时空过程对象在某时刻是否被覆盖，True 被覆盖、False 不被覆盖；CObject 可以为面、体过程对象

注：参数含义与表 3-3 相同。

2. 空间演变分析算子

空间演变分析算子是时空过程对象的连续渐变特性描述表达的模型基础，用来刻画时空过程对象空间形态信息的连续渐变，揭示时空过程对象空间形态演变机理。根据空间演变分析算子载体的差异，空间演变分析算子分为海洋动力模型分析算子(marine dynamic model on evolution)、时空插值分析算子(spatiotemporal interpolatation on evolution)和事件演变分析算子(events on evolution)。三种演变分析算子间并不独立存在，而是相关关联。

海洋动力模型是在海洋动力学基本方程的基础上，结合各种海洋动力模式，模拟时空过程对象空间形态连续分布变化的模型。海洋动力学基本方程包括运动方程与连续方程，前者反映时空过程对象在运动过程中应遵循牛顿运动定律，后者反映时空过程对象在运动过程中应遵循物质能量守恒定律(冯士柞等，2001)。运动方程保证了时空过程对象的动态性，而连续方程保证了时空过程对象运动的连续性。

从数据模型设计的角度分析，PoMASTM 设计的重点不是具体的海洋动力模型的实现，而是海洋动力模型与 PoMASTM 的集成，即 PoMASTM 与海洋动力模型集成接口问题。根据面向对象的思想，海洋动力模型集成在海洋过程对象内部，在上层的实施过程中，对象的空间信息与属性信息在对象-关系数据库中存储，而海洋动力模型通过应用程序接口在外部程序中实现。

海洋动力模型一般描述海洋流、浪、波、潮汐等，是从基本的流体力学模型发展起来的。针对不同的研究领域、不同的科学问题，海洋动力模型的输入参数也存在差异。以目前比较成熟的 POM 模型在生态遥感融合与同化应用为例，来说明动力模型在海洋 GIS 时空过程数据模型内部的集成接口问题，有关 POM 模型的详细内容请参照(Mellor,2003)。POM 模型在海洋 GIS 时空过程数据模型内部的集成接口及说明如下所示。

CProcessState* POM（ FILE *mTerraShp, Long mResolution, FILE *mSST, FILE *mCurrents FILE *mCHLO, FILE *mNETO, CTime mTime, CProcessObject mProcessObjects)

其中，输入参数如下：

mTerraShp 为初始的地形数据。

mResolution 为网格分辨率。

mSST 为初始的温度场数据。

mCurrents 为初始的流场数据。

mCHLO 为初始的叶绿素场数据。

mNETO 初始的无机氮数据。

mTime 为时刻状态。

mProcessObjects 为过程对象序列，可以是过程对象和过程序列对象。

输出参数如下：

mTime 时刻的过程对象 mProcessObjects 的空间状态信息。

时空插值的本质在于实现海洋时空过程的无缝表达、存储与分析。但无论是数据获取技术，还是计算机的数据存储与表达能力，都无法实现无缝的时空过程的表达与存储，因而需要借助时空插值分析算子。

如上所述，海洋现象或实体在整个生命周期内分为 5 个阶段。在不同的阶段，空间形态演变机制不同，因而需要不同的时空插值函数来模拟各个阶段的空间形态演变，即海洋现象或实体在整个生命周期内的时空插值函数是一个分段函数，如式(3-3)所示：

$$f(s) = \begin{cases} f_{\text{pro}}(s) \\ f_{\text{exp}}(s) \\ f_{\text{sta}}(s) \\ f_{\text{shr}}(s) \\ f_{\text{des}}(s) \end{cases} \qquad (3\text{-}3)$$

式中，$f_{\text{pro}}(s)$、$f_{\text{exp}}(s)$、$f_{\text{sta}}(s)$、$f_{\text{shr}}(s)$ 和 $f_{\text{des}}(s)$ 分别表示过程对象空间形态在产生阶段、扩展阶段、稳定阶段、削弱阶段和消亡阶段的插值函数。

海洋时空过程对象的时空插值函数具有多态性，时空插值函数的函数名称、返回类型及功能说明如表 3-7 所示。

表 3-7 空间演变的时空插值函数

函数名称	返回类型	功能说明
STInterpolateS (int,CTime, CPointProcessSequenceObject)	CPointStateObject	对点过程对象的空间位置进行时空插值，返回点过程对象某时刻的空间状态
STInterpolateS (int,CTime, CLineProcessSequenceObject)	CLineStateObject	对线过程对象的空间位置进行时空插值，返回线过程对象某时刻的空间状态
STInterpolateS (int,CTime, CAreaProcessSequenceObject)	CAreaStateObject	对面过程对象的空间位置进行时空插值，返回面过程对象某时刻的空间状态
STInterpolateS (int,CTime, CVoxelProcessSequenceObject)	CVoxelStateObject	对体过程对象的空间位置进行时空插值，返回体过程对象某时刻的空间状态

注：int 表示过程序列类型；0 表示产生，1 表示扩展，2 表示稳定，3 表示削弱，4 表示消亡。
CTime 表示时间类型，表达时空过程对象周期内需要插值的时刻。
CPointProcessSequenceObject 表示点过程序列对象。
CLineProcessSequenceObject 表示线过程序列对象。
CAreaProcessSequenceObject 表示面过程序列对象。
CVoxelProcessSequenceObject 表示体过程序列对象。

海洋事件是 PoMASTM 的重要部分，在不同的海洋事件的演变机制下，海洋时空过程对象的空间变化规律是不一致的。因而，需要在不同的海洋事件机制下，探讨时空过程对象的空间演变。

根据海洋事件功能的差异，海洋事件分为基本属性事件与对象分析算子事件。基本属性事件主要包括事件 ID、类型、名称的获取，其函数名称、返回类型和功能说明如表 3-8 所示；对象分析算子事件刻画对象的演变，包括合并事件、分裂事件、产生事件等，其函数说明如表 3-9 所示。

表 3-8 海洋基本属性事件

函数名称	返回类型	功能说明
GetEventID (CTime,POID)	int	返回时空过程对象在某时刻发生事件 ID 号
GetEventName (CTime,POID)	CString	返回时空过程对象在某时刻发生事件名称
GetEventType (CTime,POID)	int	返回时空过程对象在某时刻发生事件类型

注：CTime 表示时间类型，表达时空过程对象周期内，海洋事件发生的时刻。
POID 表示过程对象 ID、序列对象 ID 或状态对象 ID。

表 3-9 海洋对象分析算子事件

函数名称	返回类型	功能说明
MarineMergeEvent (ID,CTime, POID,POID)	CObject	两个或多个时空过程对象的融合，返回融合过程中产生的新时空子过程在某时刻的对象状态
MarineSpliteEvent (ID,CTime, POID)	CObject	时空过程对象的分裂，返回分裂过程中产生的两个或多个新时空子过程对象在某时刻的对象状态
MarineProduceEvent (ID,CTime, POID)	CObject	时空过程对象的产生，返回产生过程中时空过程对象在某时刻的对象状态
MarineExpandEvent (ID,CTime, POID)	CObject	时空过程对象的扩展，返回扩展过程中时空过程对象在某时刻的对象状态
MarineShrinkEvent (ID,CTime, POID)	CObject	时空过程对象的削弱，返回削弱过程中时空过程对象在某时刻的对象状态
MarineDestroyEvent (ID,CTime, POID)	CObject	时空过程对象的消亡，返回消亡过程中时空过程对象在某时刻的对象状态

注：ID 表示海洋事件类型的标识符。
CTime 表示时间类型，表达时空过程对象周期内，需要获取时空过程对象状态的时刻。
POID 含义与表 3-8 相同。

3.4.2 时态分析算子

时态分析算子负责时空过程对象的时态信息处理。根据处理对象的差异，时

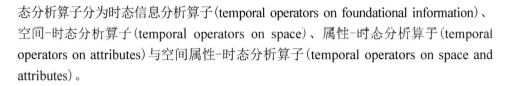
态分析算子分为时态信息分析算子(temporal operators on foundational information)、空间-时态分析算子(temporal operators on space)、属性-时态分析算子(temporal operators on attributes)与空间属性-时态分析算子(temporal operators on space and attributes)。

1. 时态信息分析算子

时态信息分析算子实现时态基本信息的处理,包括过程对象的时态获取分析算子(temporal operators on acquiring)、时态创建分析算子(temporal operators on creation)与时态拓扑分析算子(temporal operators on topology)。

时态获取分析算子包括基本时间获取与时态对象时间获取分析算子。有关基本时态的获取分析算子,如 year、month、day、date、time 等,舒红等(1997)对其进行了详细讨论,本书重点对过程对象的时态时间获取进行讨论,如过程对象的起始时间、终止时间等。表 3-10 给出了时态获取分析算子的详细说明。

表 3-10 时态获取分析算子

函数名称	返回类型	功能说明
GetStartTime(POID)	CTime	返回 POID 对象的起始时间
GetEndTime(POID)	CTime	返回 POID 对象的终止时间
GetDurationTime(POID)	CTime	返回 POID 对象的持续时间

注:POID 含义与表 3-8 相同。

时态创建分析算子指根据原有的时态对象创建一个新的时态对象。新的时态对象在特定的环境下,对时空过程的分析至关重要。如为了分析多个时空过程对同一地区的影响,在时态上需要探讨多个时空过程共同持续的时态范围、持续的最大时态范围等。时态创建分析算子包括时态并分析算子(TimeUnion)、时态和分析算子(TimeIntersection)、时态差分析算子(TimeDifference)与时态对称差分析算子(TimeSymDifference),时态创建分析算子函数的详细说明如表 3-11 所示。

表 3-11 时态创建分析算子

函数名称	返回类型	功能说明
TimeUnion(POID, POID)	<CTime,CTime>	返回两过程对象可能持续的时态范围
TimeIntersection(POID, POID)	<CTime,CTime>	返回两过程对象共同持续的时态范围
TimeDifference(POID, POID)	<CTime,CTime>	返回原过程对象中与比较过程对象不同的时态范围
TimeSymDifference(POID, POID)	<CTime,CTime>	返回原过程对象与比较过程对象中不同的时态范围

注:POID 含义与表 3-8 相同。

　　时态拓扑分析算子刻画时空对象的各种时态关系。时空过程数据模型内部的时态拓扑不仅能刻画时空过程对象内部的时态序列关系，保证过程对象描述与表达的内在连续性，而且还能描述过程对象间的各种时态关系。过程对象不仅指海洋时空过程对象，还包括海洋过程序列对象，因而 PoMASTM 内部的时态拓扑分析算子更为丰富。表 3-12 给出时空过程对象的时态拓扑分析算子的详细说明。

表 3-12　时态拓扑分析算子

函数名称	返回类型	功能说明
tBefore (POID, POID)	BOOL	判断第一个时空过程是否在第二个时空过程发生前发生。是，Ture；否，False
tAfter (POID, POID)	BOOL	判断第一个时空过程是否在第二个时空过程结束后发生。是，Ture；否，False
tOverlap (POID, POID)	BOOL	判断第一个时空过程是否在第二个时空过程发生前发生，同时结束前结束。是，Ture；否，False
tOverlapBy (POID, POID)	BOOL	判断第一个时空过程是否在第二个时空过程发生后发生，同时结束后结束。是，Ture；否，False
tStart (POID,POID)	BOOL	判断两个时空过程是否同时发生，且第一个时空过程在第二个时空过程结束前结束。是，Ture；否，False
tStartBy (POID, POID)	BOOL	判断两个时空过程是否同时发生，且第二个时空过程在第一个时空过程结束前结束。是，Ture；否，False
tFinish (POID,POID)	BOOL	判断两个时空过程是否同时结束，且第一个时空过程在第二个时空过程发生前发生。是，Ture；否，False
tFinishBy (POID, POID)	BOOL	判断两个时空过程是否同时结束，且第二个时空过程在第一个时空过程发生前发生。是，Ture；否，False
tEqual (POID, POID)	BOOL	判断两个时空过程是否同时发生，且同时结束。是，Ture；否，False
tMeet (POID,POID)	BOOL	判断第一个时空过程是否在第二个时空过程结束时发生。是，Ture；否，False
tMeetBy (POID, POID)	BOOL	判断第二个时空过程是否在第一个时空过程结束时发生。是，Ture；否，False
tDuring (POID, POID)	BOOL	判断第一个时空过程是否在第二个时空过程发生后发生，同时结束前结束。是，Ture；否，False
tDuringBy (POID, POID)	BOOL	判断第二个时空过程是否在第一个时空过程发生后发生，同时结束前结束。是，Ture；否，False

2. 空间-时态分析算子

　　空间-时态分析算子是根据空间位置属性对时态信息查询的分析算子。针对海洋时空过程对象的动态特性,空间-时态分析算子包括时空过程对象到达某空间位置的时态信息、时空过程对象离开某空间位置的时态信息与时空过程对象在某空间位置所持续的时态信息。海洋时空过程对象是海洋时空过程、时空过程序列对象的泛称。表 3-13 给出 PoMASTM 的空间-时态分析算子的函数说明。

表 3-13　空间-时态分析算子

函数名称	返回类型	功能说明
GetTimeArriveAtSpace (CSpace,POID)	CTime	计算并返回 POID 对象到达某空间位置 CSpace 时的时态信息
GetTimeLeftSpace (CSpace,POID)	CTime	计算并返回 POID 对象离开某空间位置 CSpace 时的时态信息
GetTimeAtSpace (CSpace,POID)	<CTime, CTime>	计算并返回 POID 对象在某空间位置 CSpace 所持续的时态信息

注：CSpace 表示空间范围,时空过程对象在某时刻的空间形态分布信息。

POID 含义与表 3-8 相同。

3. 属性-时态分析算子

属性-时态分析算子是根据固定属性信息对时态信息查询的分析算子。海洋时空过程的动态特性使海洋时空对象的属性信息具有动态性。属性-时态分析算子包括某属性信息达到某特定值时的时态信息、某属性信息达到某特定值后所持续的时态信息与某属性信息达到某特定值后在某时刻开始低于其特定值的时态信息。该类时态信息的获取对定量分析及应用至关重要,如台风风速在 30m/s 以上所持续时间范围内对周围渔场的影响、台风风速达到极大值后所持续的时间范围内对周围渔场的渔获量影响等。时空过程数据模型的属性-时态分析算子的函数说明如表 3-14 所示。

表 3-14　属性-时态分析算子

函数名称	返回类型	功能说明
GetTimeGTCertainValue (double,POID)	CTime	计算并返回 POID 对象的属性值大于某一特定值时的时态信息
GetTimeLTCertainValue (double,POID)	CTime	计算并返回 POID 对象的属性值大于某一特定值后又开始小于此值时的时态信息
GetTimeAtCertainValue (double,POID)	<CTime, CTime>	计算并返回 POID 对象的属性值达到某一特定值后所持续的时态信息

注：double 表示双精度数据类型,表达时空过程对象的属性值。

POID 含义与表 3-8 相同。

4. 空间属性-时态分析算子

空间属性-时态分析算子是同时固定空间信息与属性信息对对象的时态信息进行查询的分析算子。时空过程的动态特性使这类性质的分析算子成为时空过程数据模型内部最为复杂的时空分析算子之一。空间属性-时态分析算子包括在某空间位置，某属性达到某特定值的时态信息；在某空间位置，某属性达到某特定值后所持续的时态信息；在某空间位置，某属性达到某特定值持续一段时间后又低于特定值时的时态信息；某属性信息到达某空间位置时的时态信息；某属性信息离开某空间位置时的时态信息与某属性信息在某空间位置时所持续的时态信息等。其函数说明如表 3-15 所示。

表 3-15 空间属性-时态分析算子

函数名称	返回类型	功能说明
GetTimeAtSpaceGTCertainValue（double,CSpace,POID）	CTime	计算并返回 CProcessObject 在某空间位置的属性值大于某一特定值时的时态信息
GetTimeAtSpaceLTCertainValue（double,CSpace,POID）	CTime	计算并返回 CProcessObject 在某空间位置的属性值大于某一值后又小于此值时的时态信息
GetTimeAtSpaceAtCertainValue（double,CSpace,POID）	<CTime,CTime>	计算并返回 CProcessObject 在某空间位置的属性值达到某一特定值后所持续的时态信息
GetTimeAtValueArriveAtSpace（double,CSpace,POID）	CTime	计算并返回 CProcessObject 的某属性值到达某空间位置 CSpace 时的时态信息
GetTimeAtValueLeftSpace（double,CSpace,POID）	CTime	计算并返回 CProcessObject 的某属性值离开某空间位置 CSpace 时的时态信息
GetTimeAtValueAtSpace（double,CSpace,POID）	<CTime,CTime>	计算并返回 CProcessObject 的某属性值在某空间位置 CSpace 所持续的时态信息

注：double 表示双精度数据类型，表达时空过程对象的属性值。

CSpace 表示空间范围，表达时空过程对象在某时刻的空间分布范围。

POID 含义与表 3-8 相同。

3.4.3 属性分析算子

时空过程对象的属性分析算子包括静态属性分析算子(attribute operators on state)与动态属性分析算子(attribute operators on evolution)。静态属性分析算子获取属性的状态信息，刻画时空过程对象在某时刻某位置的物理属性、某时刻的物理状态、某时间范围内某位置的物理属性、某时间范围内的物理状态等；动态属性分析算子刻画对象的物理属性从一个状态到另一状态的变化规律及趋势。静态属性分析算子属于属性的状态分析算子问题，而动态属性分析算子属于属性的演变分析算子问题，两者结合共同刻画了时空过程对象的物理属性的状态与演变。

根据分析算子对象的差异，属性状态分析算子分为空间属性状态分析算子（attributes operators on spatial state）、时态属性状态分析算子（attributes operators on temporal state）与时空属性状态分析算子（attributes operators on spatiotemporal state）。以水平方向表示时空过程对象在某时刻的空间分布、垂直方向表示时态序列，颜色的差异表示属性差异，则时空立方体表达时空过程对象容器，如图 3-22 所示。

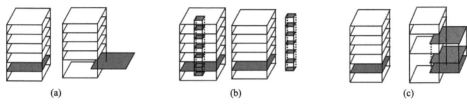

图 3-22　时空过程对象的属性状态分析算子

(a)过程对象在某时刻属性的空间分布；(b)过程对象在某位置属性的时态序列；(c)过程对象属性的时空分布特征

1. 空间属性状态分析算子

空间属性状态分析算子与常规的属性分析算子没有本质差异，都是对时空过程对象某时刻快照的属性状态分析算子，即对时空过程对象属性信息在时间上进行水平切割[图 3-22(a)]，包括属性状态的整体获取，属性状态在具体位置的属性获取，属性状态在某空间范围的最大值、最小值、均值的获取等，其函数说明如表 3-16 所示。

表 3-16　空间属性状态分析算子

函数名称	返回类型	功能说明
GetAttributeValue(CTime,POID)	CAttributeInfo	计算并返回 POID 对象在时刻 CTime 的属性状态信息，CAttributeInfo 为存储属性的结构体类型
GetCertainValue(CTime,CPosition,POID)	double	计算并返回 POID 对象在时刻 CTime 和空间位置 CPosition 上的物理属性值
GetMaxValue(CTime,CSpace,POID)	double	计算并返回 POID 对象在时刻 CTime 和空间范围 CSpace 上物理属性的最大值
GetMinValue(CTime,CSpace,POID)	double	计算并返回 POID 对象在时刻 CTime 和空间范围 CSpace 上物理属性的最小值
GetMeanValue(CTime,CSpace,POID)	double	计算并返回 POID 对象在时刻 CTime 和空间范围 CSpace 上物理属性的均值

注：CTime 表示时间类型，表达时空过程对象周期内，需要获取时空过程对象状态的时刻。

CPosition 表示空间位置类型，表达需要获取具体的空间位置，矢量数据为(X,Y,Z)坐标，栅格数据为(Row,Col)行列号。

CSpace 表示空间范围，表达时空过程对象在某时刻的空间分布范围。

POID 含义与表 3-8 相同。

2. 时态属性状态分析算子

时态属性状态分析算子是对时空过程对象在某空间位置时态序列的属性进行的分析操作，即对时空过程对象的属性在空间上进行垂直抽取[图 3-22(b)]，包括确切位置的时态序列属性获取，时态序列中任意时刻物理属性的获取，时态序列中物理属性的最大值、最小值、均值的获取等，其函数说明如表 3-17 所示。

表 3-17　时态属性状态分析算子

函数名称	返回类型	功能说明
GetAttributeValue (CPosition,POID)	double*	计算并返回 POID 对象在空间位置 CPosition 的属性状态信息序列，存储属性的结构体类型，double*为存储属性序列指针
GetCertainValue (CPosition, CTime,POID)	double	计算并返回 POID 对象在空间位置 CPosition 上时刻为 CTime 的物理属性值
GetMaxValue (CPosition,<CTime,CTime>,POID)	double	计算并返回 POID 对象在空间位置 CPosition 上时态区间为<CTime,CTime>的物理属性的最大值
GetMinValue (CPosition,<CTime,CTime>,POID)	double	计算并返回 POID 对象在空间位置 CPosition 上时态区间为<CTime,CTime>的物理属性的最小值
GetMeanValue ((CPosition,<CTime,CTime>,POID)	double	计算并返回 CProcessObject 对象在空间位置 CPosition 上时态区间为<CTime,CTime>的物理属性的均值

注：CTime、CPosition、POID 的参数含义如表 3-16。

<CTime,CTime>表示时态区间类型，表达时空过程对象的时间区间，是时空过程对象生命周期的子集。

3. 时空属性状态分析算子

时空属性状态分析算子是对时空过程对象在某时空范围内的属性进行的分析操作[图 3-22(c)]。时空属性状态分析算子包括时空范围内属性的最大值、最小值与均值的获取，其函数说明如表 3-18 所示。

表 3-18　时空属性状态分析算子

函数名称	返回类型	功能说明
GetMaxValue (CSpace,<CTime,CTime>,POID)	double	计算并返回 POID 对象在空间范围 CSpace 上时态区间为<CTime,CTime>的物理属性的最大值
GetMinValue (CSpace,<CTime,CTime>,POID)	double	计算并返回 POID 对象在空间范围 CSpace 上时态区间为<CTime,CTime>的物理属性的最小值
GetMeanValue ((CSpace,<CTime,CTime>,POID)	double	计算并返回 POID 对象在空间范围 CSpace 上时态区间为<CTime,CTime>的物理属性的均值

注：CSpace 表示空间范围，表达时空过程对象在某时刻的空间分布范围。

<CTime,CTime>表示时态区间类型，表达时空过程对象的时间区间，是时空过程对象生命周期的子集。

POID 含义与表 3-8 相同。

1. 属性演变分析算子

空间形态演变分析算子保证时空过程对象空间分布的连续性与渐变性，而属性演变分析算子则保证时空过程对象属性信息的连续性与渐变性。属性演变的外在表现为对象属性的连续变化，因而可采用数学函数对属性强度的变化进行模拟，具体的模拟函数与属性强度的变化特性密切相关。在不同的海洋时空过程序列，时空过程对象的内在变化特性存在差异，因而要针对不同的内在特性，设计不同的数据结构与模拟函数对对象进行存储与分析。

属性演变分析算子在整个时空过程对象的生命周期内是分段函数，如式(3-4)所示：

$$f(a) = \begin{cases} f_{org}(a) \\ f_{exp}(a) \\ f_{sta}(a) \\ f_{shr}(a) \\ f_{des}(a) \end{cases} \tag{3-4}$$

式中，$f_{org}(a)$、$f_{exp}(a)$、$f_{sta}(a)$、$f_{shr}(a)$ 和 $f_{des}(a)$ 分别表示过程对象的属性在产生阶段、发展阶段、稳定阶段、削弱阶段和消亡阶段的演变函数。上述函数可以是线性函数、曲线函数或更为复杂的函数。

PoMASTM 的属性演变分析算子函数接口及功能说明如表 3-19 所示。

表 3-19　属性演变分析算子

函数名称	返回类型	功能说明
STInterpolateA (int,CTime, CPointProcessSequenceObject)	double	对点过程对象的属性信息进行时空插值，返回点过程对象某时刻的属性状态值
STInterpolateA (int,CTime, CLineProcessSequenceObject)	double*	对线过程对象的属性信息进行时空插值，返回线过程对象某时刻的属性状态值
STInterpolateA (int,CTime, CAreaProcessSequenceObject)	double*	对面过程对象的属性信息进行时空插值，返回面过程对象某时刻的属性状态值
STInterpolateA (int,CTime, CVoxelProcessSequenceObject)	double*	对体过程对象的属性信息进行时空插值，返回体过程对象某时刻的属性状态值

注：int 表示海洋过程序列类型；0 表示产生，1 表示扩展，2 表示稳定，3 表示削弱，4 表示消亡。

CTime 表示时间类型，表达时空过程对象周期内需要插值的时刻。

CPointProcessSequenceObject 表示点过程序列对象。

CLineProcessSequenceObject 表示线过程序列对象。

CAreaProcessSequenceObject 表示面过程序列对象。

CVoxelProcessSequenceObject 表示体过程序列对象。

3.4.4　过程对象分析算子

过程对象分析算子是对过程对象自身的操作分析。过程对象可以是海洋时空过程对象、过程序列对象和过程状态对象中的任意类型。过程对象分析算子包括过程基本分析算子（basic operators on process）、过程拓扑分析算子（topological operators on process）与过程可视化分析算子（visualization on process）。

1. 过程基本分析算子

过程基本分析算子包括过程基本信息获取（过程名称、过程在时空域内的唯一标识符等）、过程抽取与过程前后状态的获取两部分。过程基本分析算子函数接口及说明如表 3-20 所示。

表 3-20　过程基本分析算子

函数名称	返回类型	功能说明
GetProcessName (POID)	CString	获取过程对象的名称
GetProcessID (POID)	long	获取过程对象在时空过程域的唯一标识
ExtractProcessBySpace (CSpace,POID)	CProcessObject	利用 CSpace 在空间上抽取时空过程对象，并返回 CProcessObject 的子集
ExtractProcessByTime (<CTime,CTime>,POID)	CProcessObject	利用<CTime,CTime>在时态上抽取时空过程对象，并返回 CProcessObject 的子集
ExtractProcessBySpaceTime (CSpace,<CTime, CTime>,POID)	CProcessObject	利用 CSpace 在空间<CTime,CTime>在时态上抽取时空过程对象，并返回 CProcessObject 的子集
GetPreProcess (CTime,POID)	CProcessObject	获取时空过程对象在 CTime 时刻前的时空过程对象或状态
GetNextProcess (CTime,POID)	CProcessObject	获取时空过程对象在 CTime 时刻后的时空过程对象或状态

注：CSpace 表示空间区域类型，表达时空过程对象 CProcessObject 的空间分布范围。
<CTime,CTime>表示时间区间，表达时空过程对象的时间区间，是时空过程对象生命周期的子集。
POID 含义与表 3-8 相同。

2. 过程拓扑分析算子

过程拓扑分析算子刻画过程对象间的相互关系。海洋时空过程拓扑可利用海洋时空过程对象的分级抽象，把时空过程拓扑转化为时空拓扑来研究。空间拓扑关系记为 $\mathrm{RP} = \{R_{\mathrm{Disjoint}}, R_{\mathrm{Meet}}, R_{\mathrm{Overlap}}, R_{\mathrm{Cover}}, R_{\mathrm{CoveredBy}}, R_{\mathrm{Equal}}, R_{\mathrm{Inside}}, R_{\mathrm{Contain}}\}$，时态拓扑

关系记为 $\{T_{\text{Before}}, T_{\text{After}}, T_{\text{Overlap}}, T_{\text{OverlapBy}}, T_{\text{Start}}, T_{\text{StartBy}}, T_{\text{Finish}}, T_{\text{FininshBy}}, T_{\text{Equal}}, T_{\text{Meet}}, T_{\text{MeetBy}},$ $T_{\text{During}}, T_{\text{DuringBy}}\}$，则基于笛卡儿运算的过程拓扑关系 $RP \oplus TP = \{RT_{i-j} | i \in RP, j \in TP\}$ 共有 104 种。因而，时空过程拓扑分析算子包括 104 种分析算子函数，其统一的函数接口如式(3-5)所示。

$$\textbf{Enum PTTYPE GetProcessTopology(CProcessObject, CProcessObject)} \qquad (3\text{-}5)$$

式中，PTTYPE 为过程拓扑的枚举，即 104 种过程拓扑中的任一拓扑关系；GetProcessTopology 为获取拓扑枚举的函数；参数类型 CProcessObject 可以是海洋时空过程对象、过程序列对象和过程状态对象中的任意一种。根据两种过程拓扑的时空结构和过程拓扑运算流程，返回两种过程对象的拓扑关系。

3. 过程可视化分析算子

科学可视化是把特征数据符号及信息转换成几何图形的计算方法，它包括图像的理解与综合，并协调客观世界与计算机世界之间信息的交流与接受(苏奋振，2003)。过程对象的可视化是把抽象的海洋时空过程对象，借助轨迹或虚拟现实技术把海洋现象或实体的动态演变过程表达出来。

目前，海洋时空过程可视化方法有很多种，主要包括多窗口显示、过程的动态演进、时间剖面等。无论哪一种可视化方法都需要数据模型内部提供实现函数接口。表 3-21 给出过程动态演进的可视化分析算子函数接口及功能说明。

表 3-21　过程可视化分析算子

函数名称	返回类型	功能说明
VisualizationOnElement (CTime,POID)	void	对过程对象的某元素进行可视化分析算子，返回图形
VisualizationOnShape (CTime,POID)	void	对过程对象的形状进行可视化分析算子，返回图形

注：CTime 表示时间类型，表达过程可视化的时间间隔，如月、天、小时等。
POID 含义与表 3-8 相同。

3.5　海洋时空过程分析

海洋时空过程的面向对象分析包括海洋时空过程内部对象的演变分析与海洋过程间的关联分析。时空过程内部的时空分析显式地记录过程的演变序列；时空过程间的时空分析则刻画了过程间的时空信息、时空形态与时空关系。两者都是时空过程操作的重要组成部分，也是时空过程数据模型构建的核心内容。

3.5.1 时空过程内部的时空分析

海洋时空过程由对象的静态时态序列及其演变机制构成,因而时空过程内部的时空分析可分为静态时态序列分析与演变行为分析。静态时态序列分析描述时空过程内部各状态间的序列关系;演变行为分析则刻画静态序列演变的内在机制。

1. 静态时态序列分析

静态时态序列分析是对象空间系列状态的时态分析。根据时态拓扑关系的研究与海洋时空过程的自身特性,时空过程内部的静态时态序列存在 4 种时态关系,分别为时态之前、时态之后、时态相继、时态跟随。

时间类型采用线性时间、时间单位采用时间间隔,记 T_1 为$[t_a,t_b]$, T_2 为$[t_c,t_d]$,则 4 种时态关系的几何表达如图 3-23 所示,语义表达与代数描述如表 3-22 所示。

图 3-23   时空过程内部时态关系的几何表达

表 3-22   时空过程内部时态关系的语义表达与代数描述

	代数描述	语义表达
时态之前	$\{T_1 \cap T_2 = \phi \wedge t_a > t_d\}$	在过程内部,状态序列 1 在状态序列 2 之前
时态之后	$\{T_1 \cap T_2 = \phi \wedge t_b < t_c\}$	在过程内部,状态序列 1 在状态序列 2 之后
时态相继	$\{T_1 \cap T_2 = \{t_b\} = \{t_c\} \wedge t_b = t_c\}$	在过程内部,状态序列 1 紧随状态序列 2 发生
时态跟随	$\{T_1 \cap T_2 = \{t_a\} = \{t_d\} \wedge t_a = t_d\}$	在过程内部,状态序列 2 紧随状态序列 1 发生

2. 演变行为分析

海洋时空演变行为刻画实体的演变规律,揭示实体变化的内在机制,是时空分析的基础与核心。近年来,国内外学者对地理事件进行了大量研究,构建了基于事件的时空数据模型,试图揭示地理实体的演变规律。但该事件模型基于突发事件或人为操作,如房屋拆迁、道路变更等,无法对连续变化的地理实体进行表达。过程是连续变化的,因而过程内部的事件与上述的事件存在本质差异,是对连续变化的实体或现象刻画,称为动态事件。

根据地理现象或实体的空间位置、形状、方向是否变化,其演变事件可分为旋转事件、变形事件与转换事件。该事件类型能很好地刻画离散变化的地理现象或实体的演变历程。海洋时空过程在其生命周期的任意不同时刻，其空间位置、形态、方位都会发生变化，即旋转事件、变形事件和转换事件时刻发生，并包含在其他事件中。采用上述三种事件对连续变化的地理现象或实体进行表达，不仅造成描述的复杂性，还会造成物理存储与计算机实施的不可行性。因此，可采用面向对象技术对地理现象或实体的空间位置、形态及方位进行封装，把空间信息与属性信息记录在某时刻状态上，通过其他事件、时空插值操作或动力模型实现对象演变的隐式表达。

从地理实体演变与时空过程数据模型构建的角度分析，时空过程内部的动态事件分为产生（creates）事件、扩展（expands）事件、缩减（shrinks）事件、消亡（destroys）事件、合并（merges）事件和分裂（splits）事件等，如图 3-24 所示。

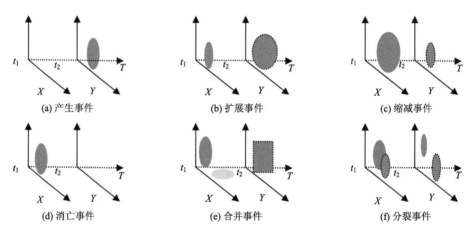

图 3-24　时空过程内部动态事件示意图

（1）产生事件：时空过程载体（对象）的产生，标志着一个时空过程出现。产生事件一旦发生，时空过程所在的时空参考框架体系、时空约束条件即已给定，且在整个的生命周期内不变。时空过程在时空参考框架体系下具有唯一的时空过程标识（ID），标识在整个生命周期内过程对象标示不发生变化，直至时空过程消亡。

（2）扩展事件：时空过程对象信息能量的增加。其外在的表现是时空过程空间范围的扩大或属性值的增强。随着时间的推移，对象信息能量会达到一个最大值。此时，时空过程的空间范围最大、属性值强度最强。

（3）缩减事件：在时空过程对象的信息能量达到最大值以后，缩减事件就会发生。缩减事件与扩展事件是两个性质截然不同的事件，它的外在表现形式是时空过程空间范围的缩小或属性值强度的减弱，直至信息能量消失殆尽。

（4）消亡事件：是时空过程信息能量消耗殆尽时发生的事件，标志着时空对象过程消失。此时，产生事件所确定的时空参考框架和时空约束条件失去现实意义，唯一的过程标识符也随之消亡。

（5）合并事件：指时空过程在其生命周期内与另外的时空过程融合在一起，原来的时空过程的属性信息都会发生根本的变化，从而产生一个新的时空过程。为了追踪时空过程整个生命演变历史，原来时空过程的对象标识并不销毁，而是在记录合并事件的同时，增加一个新的过程对象标识，并以此记录新过程对象的历史演变。时空对象的演变序列以合并事件的发生为节点记录合并事件前后的对象标示，如此，既保证了时空过程描述的统一性，又实现了时空过程生命演变的追踪。

（6）分裂事件：指时空过程在其生命周期内自身发生裂变，一个时空过程对象分裂为几个时空过程对象，或分裂为以一个时空过程对象为主、几个时空过程对象为辅的过程对象集合。由于其他过程对象由一个主过程对象分裂而得，因而其属性信息并没有发生根本变化。为了追踪时空过程整个生命的演变过程与时空过程的统一描述，尽管分裂事件导致新时空过程对象的产生，但原来的时空过程对象并没有消亡，而在分裂事件发生的同时，增加新产生的过程对象标识，并以此记录新过程对象的演变。原来的时空过程演变过程有多种可能，根据新过程对象的标识，可依次跟踪。新时空过程对象中最后消亡事件的产生导致原来时空过程对象消亡事件的产生。

产生、扩展、缩减与消亡事件序列紧密地结合在一起，是海洋时空过程必不可少的事件，共同保证连续渐变序列的生命演变。与上述四个事件不同的合并事件与分裂事件不具有一定的序列关系，也不是海洋时空过程中必不可少的事件，但在海洋时空过程的演变中至关重要。合并与分裂事件交织在上述四个事件中，导致其他事件发生，在一定程度上加剧或延缓了海洋时空过程对象演变的生命历程。

产生、扩展、缩减和消亡事件与海洋时空过程的生命周期有很强的对应关系，这种对应关系为进一步进行时空过程模拟与时空过程插值操作奠定了基础。合并事件与分裂事件分布在时空过程的整个生命周期内，使海洋时空过程的描述与表达更加复杂，但正是复杂的合并与分裂事件才使得对复杂的海洋时空过程演变进行科学的描述、表达与组织成为可能。

3.5.2　时空过程间的时空分析

从过程分析的角度，时空过程间的时空分析通常分为过程拓扑分析、过程距离分析、过程方向分析与过程因果分析。

1. 过程拓扑分析

过程拓扑分析描述过程对象间的空间、时态及时空上的关联关系。过程的本质是现象或实体在空间上的扩展与在时间上的延续，占据特定的时空结构。从大时空粒度分析,海洋时空过程抽象为占据特定的空间结构与时态结构的时空对象。其空间结构为现象或实体在各个时刻占据的空间区间的并集，时态结构则为过程的整个生命周期。无论点、线、面时空过程，还是体时空过程的空间结构在空间域上的投影都是面状区域，时态结构则可采用时间类型为线性、时间单位为时间间隔的模式表达。基于此，过程拓扑分析可用基于区域的时空拓扑关系来理解，如海洋锋过程与涡旋过程在其生命周期内的毗邻、连接关系，可以把海洋锋和涡旋抽象为两个时空对象，探讨时空对象的毗邻、连接关系。

通常来说，时空过程的某一阶段与另一个时空过程或时空过程的某阶段间的关系具有更重要的现实意义。例如，海洋锋时空过程与渔场渔获量关系的研究，海洋锋整个生命周期与渔场拓扑关系研究过于概括，对研究渔场的形成机制意义不大；而海洋锋的扩展阶段、稳定阶段、消弱阶段与渔场之间的关系则较利于探讨渔场的形成机制。因而，不仅要进行过程间的拓扑关系研究，还要对子过程间、时空序列间的拓扑关系进行讨论。

根据时空过程语义包含关系,其空间结构与时态结构也具有分级抽象的概念。海洋时空过程的语义分级、包含对象的分级抽象与拓扑关系如图3-25所示。

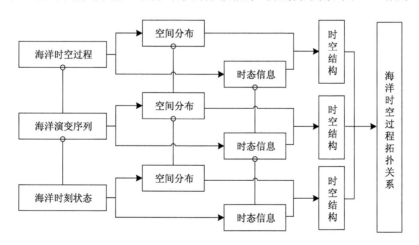

图 3-25　海洋时空过程的语义分级、包含对象的分级抽象与拓扑关系

2. 过程距离分析

过程距离分析描述过程对象间在空间上、时态上与时空上的距离。过程距离分析定量地刻画过程对象在整个生命周期内空间位置的平均距离和过程对象发生先后的时间距离。针对海洋时空过程的距离分析，首先对其空间结构和时态结构进行分解。

根据研究的实际意义，过程的空间距离可分为过程间的空间最近距离、过程间的空间最远距离与过程间的空间平均距离。

过程间的空间最近距离的定义为：过程的空间结构在空间域上投影间的最近距离，即面状区域与面状区域的最近距离；过程间的空间最远距离的定义为：过程的空间结构在空间域上投影间的最远距离，即面状区域与面状区域的最远距离；过程间的空间平均距离的定义为：过程的空间结构在空间域上投影间的质心距离，即面状区域与面状区域的质心距离。

根据研究的实际意义，过程间的时态距离可分为过程产生时态间隔距离、过程结束时态间隔距离与过程产生结束时态间隔距离。过程产生时态间隔距离的定义为：两个过程产生时间的间隔之差，表达一个过程产生多长时间后另一个过程产生；过程结束时态间隔距离的定义为：两个过程结束时间的间隔之差，表达一个过程结束多长时间后另一个过程结束；过程产生结束时态间隔距离的定义为：过程的产生时间与另一过程结束时间的间隔之差，表达一个过程在结束后多长时间另一过程产生。

假定过程 A 记为 P_a，过程 B 记为 P_b，P_a 的时态结构记为 $[A_s, A_e]$，P_b 的时态结构记为 $[B_s, B_e]$，则过程 A 与过程 B 间三种时态距离及其语义表达如表 3-23 所示。

表 3-23　海洋时空过程的时态距离及其语义

	公式		语义
过程产生 时态间隔距离	$P_{Dss} = \lvert A_s - B_s \rvert$	$P_{Dss}>0$	P_b 在 P_a 之前产生，间隔为 P_{Dss}
		$P_{Dss}=0$	P_a 与 P_b 同时产生
		$P_{Dss}<0$	P_a 在 P_b 之前产生，间隔为 P_{Dss}
过程结束 时态间隔距离	$P_{Dee} = \lvert A_e - B_e \rvert$	$P_{Dee}>0$	P_a 在 P_b 之后结束，间隔为 P_{Dee}
		$P_{Dee}=0$	P_a 与 P_b 同时结束
		$P_{Dee}<0$	P_b 在 P_a 之后结束，间隔为 P_{Dee}
过程产生结束 时态间隔距离	$P_{Dse} = \lvert A_s - B_e \rvert$	$P_{Dse}>0$	P_a 在 P_b 结束后产生，间隔为 P_{Dse}
		$P_{Dse}=0$	P_a 在 P_b 结束时产生
		$P_{Dse}<0$	P_a 在 P_b 结束前产生，间隔为 P_{Dse}

类似于过程拓扑研究，子过程与过程间、子过程间的距离对于特定的海洋应用具有更重要的现实意义。例如，在海洋锋与渔获量关系的研究中，用海洋锋稳定阶段与中心渔场的距离比用整个海洋锋生命周期与中心渔场的距离来测算更为精确，也更具有现实意义；海洋锋在扩展阶段与周围涡旋产生的时态距离更能精确表达海洋锋与涡旋间的相互影响关系等。因而，探讨时空序列、子过程与时空过程、子过程、时空序列间的距离也至关重要。

如上分析，时空过程、子过程与时空序列，从对象的角度可抽象为粒度不同的时空对象，因而可采用统一的时空对象框架对其过程距离进行研究。海洋时空过程的分级抽象与距离计算间的关系如图 3-26 所示。

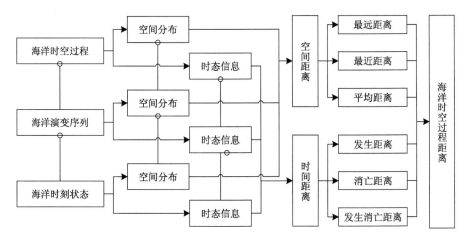

图 3-26　海洋时空过程的分级抽象与距离计算间的关系

3. 过程方向分析

过程方向分析刻画过程对象在空间上的位置分布与时间上的先后顺序。过程的空间方位关系采用空间结构在空间域上投影的方位关系表达，即该方位关系是基于区域的方位关系，表达海洋时空过程间方位的平均状态。要想获取更精确的方位关系，需对海洋时空过程进行逐级分解，形成粒度更细的子过程与时空序列。对于过程的时态顺序关系，过程本身包含对象的演变序列，即时态的顺序结构，因而过程间的时态顺序关系可用过程间的产生距离进行度量。

4. 过程因果分析

过程间的相互关系经常表现为一种因果关系(苏奋振, 2003)。许多现象或过程是一个过程或一组过程在其他相应条件下作用的结果，这种结果有可能再转化为原因，既影响将要获得的新结果，也改造先期影响结果的原因(杜云艳等, 2021)。由此研究过程间因果关系与机制也是时空过程数据模型研究的重要目的之一，如水温过程的时空配置制约渔场形成的机制研究(Su et al., 2004)、异常升高的海洋表面温度在空间上的合并或分裂导致 ENSO 事件的增加或减弱(Xue et al., 2019; Liu et al., 2019)，其对于海洋渔业资源的可持续利用具有重要意义。

3.6 本 章 小 结

本章阐述了分级抽象与逐级包含的海洋时空过程语义，设计了"海洋时空过程—演变序列—时刻状态"的基本表达框架。在空间拓扑、时间拓扑和时空拓扑理论的基础上，以海洋演变过程为基本单元，发展了海洋时空过程拓扑的基本概念、描述框架和构建流程，建立了面向对象的海洋时空过程对象化方案。从海洋空间、时间和属性的功能分析入手，发展了海洋过程对象操作、过程拓扑、过程距离、过程方向分析等时空建模的基础问题。

主要参考文献

曹洋洋, 张丰, 杜震洪, 等. 2014. 一种基态修正模型下的时空拓扑关系表达. 浙江大学学报(理学版), 41(6): 709-714.

杜世宏. 2005. 空间关系模糊描述及组合推理的理论和方法研究. 测绘学报, (1): 92.

杜云艳, 易嘉伟, 薛存金, 等. 2021. 多源地理大数据支撑下的地理事件建模与分析. 地理学报, 76(11): 2853-2866.

刘茂华, 刘长文, 孙秀波, 等. 2006. 时空拓扑关系的集成表达. 测绘与空间地理信息, (1): 44-46, 50.

沈敬伟, 温永宁, 闾国年, 等. 2010. 时空拓扑关系描述及其推理研究. 地理与地理信息科学, 26(6): 1-5.

舒红, 陈军, 杜道生, 等. 1997. 时空拓扑关系定义及时态拓扑关系描述. 测绘学报, 26(4): 299-306.

苏奋振, 周成虎. 2006. 过程地理信息系统框架基础与原型构建. 地理研究, 25(3): 477-484.

苏奋振. 2003. 海洋地理信息系统时空过程研究. 北京: 中国科学院地理科学与资源研究所.

王占刚, 杜群乐, 王想红. 2017. 复杂区域对象拓扑关系分解与计算. 测绘学报, 46(8): 1047-1057.

谢炯, 刘仁义, 刘南, 等. 2007. 一种时空过程的梯形分级描述框架及其建模实例. 测绘学报, (3): 321-328.

徐志红, 边馥苓, 陈江平. 2002. 基于事件语义的时态 GIS 模型. 武汉大学学报(信息科学版), (3): 311-315.

薛存金, 苏奋振, 何亚文. 2022. 过程——一种地理时空动态分析的新视角. 地球科学进展, 37(1): 65-79.

薛存金, 苏奋振. 2008. 基于笛卡尔运算的时空拓扑关系研究. 计算机工程与应用, (21): 20-24.

薛存金, 苏奋振. 2009. 不确定性对象表达及其时空拓扑研究. 地球信息科学学报, 11(4): 475-481.

薛存金, 周成虎, 苏奋振, 等. 2010. 面向过程的时空数据模型研究. 测绘学报, 39(1): 95-101.

虞强源, 刘大有, 谢琦. 2003. 空间区域拓扑关系分析方法综述. 软件学报, 14(4): 777-782.

张丰, 刘仁义, 刘南, 等. 2008. 一种基于过程的动态时空数据模型. 中山大学学报(自然科学版), 47(2): 123-126.

Allen J F. 1984. Towards a general theory of action and time. Artificial Intelligence, 23: 123-154.

Chen P, Shi W. 2018. Measuring the spatial relationship information of multi-layered vector data. ISPRS International Journal of Geo-Information, 7(3): 88.

Cheng H, Li P, Wang R, et al. 2021. Dynamic spatio-temporal logic based on RCC-8. Concurrency and Computation: Practice and Experience, 33(22): e5900.

Claramunt C, Jiang B. 2001. An integrated representation of spatial and temporal relationships between evolving regions. Journal of Geographical Systems, 3: 411-428.

Claramunt C, Parent C, Thériault M. 1998. Design patterns for spatio-temporal processes//Data Mining and Reverse Engineering. Boston, MA: Springer: 455-475.

Ding Y, Xu Z, Zhu Q, et al. 2022. Integrated data-model-knowledge representation for natural resource entities. International Journal of Digital Earth, 15(1): 653-678.

Egenhofer M J, Franzosa R D. 1991. Point-set topological spatial relations. International Journal of Geographical Information System, 5(2): 161-174.

Egenhofer M J. 1993. A model for detailed binary topological relationships. Geomatica, 47(3-4): 261-273.

LemosDias T, Câmara G, Fonseca F, et al. 2004. Bottom-up development of process-based ontologies//Geographic Information Science: Third International Conference (GIScience 2004). Berlin: Springer Lecture Notes in Computer Science: 64-67.

Liu J, Xue C, Dong Q, et al. 2019. A process-oriented spatiotemporal clustering method for complex trajectories of dynamic geographic phenomena. IEEE Access, 7: 155951-155964.

Mellor G L. 2003. The three-dimensional current and surface wave equations. Journal of Physical Oceanography, 33(9): 1978-1989.

Su F, Zhou C, Lyne V, et al. 2004. A data-mining approach to determine the spatio-temporal relationship between environmental factors and fish distribution. Ecological Modelling, 174(4): 421-431.

Tøssebro E, Nygård M. 2011. Representing topological relationships for spatiotemporal objects. Geoinformatica, 15(4): 633-661.

Xue C, Dong Q, Xie J. 2012. Marine spatio-temporal process semantics and its applications-taking the El Niño Southern Oscilation process and Chinese rainfall anomaly as an example. Acta Oceanologica Sinica, 31(2): 16-24.

Xue C, Wu C, Liu J, et al. 2019. A novel process-oriented graph storage for dynamic geographic phenomena. ISPRS International Journal of Geo-Information, 8(2): 100.

第 4 章

海洋时空过程对象模型

本章导读

• 海洋时空对象和对象演变关系是海洋时空动态建模的核心内容，本章从面向对象的角度，阐述海洋时空过程建模的理论与方法。

• 利用统一建模语言(unified model language，UML)，设计了海洋时空过程对象和对象关系(包含关系和演变关系)的表达框架结构，阐述了海洋时空过程对象、过程对象集和过程对象关系的逻辑结构。

• 利用抽象数据类型(abstracted data type，ADT)和对象-关系数据库设计了海洋时空过程对象和对象关系的存储结构,包括海洋过程对象、序列对象和时刻状态对象及其演变关系。

• 从地理时空语义、矢-栅数据组织结构、动态分析、潜在应用领域 4 个方面分析评价了海洋时空过程对象模型。

4.1 海洋时空过程对象表达模型

海洋时空过程对象建立在地理时空对象的基础上，采用地理对象的基本概念和方法(汤庸, 2004; 徐爱功和车莉娜, 2014; 周成虎和苏奋振, 2013)，以海洋时空过程语义为主线(薛存金等, 2010, 2022; Xue et al., 2012, 2019a)，同时，参照已有过程数据模型的技术方法(张丰等, 2008; 徐爱功和车莉娜, 2013; Jiang et al., 2014; 李寅超和李建松, 2017; He et al., 2022)，设计海洋时空过程对象的表达模型。

面向过程的海洋时空对象模型(process-oriented marine spatiotemporal object model, PoMASOM)的表达模型包括时空过程对象及对象间关系的逻辑建模、时空过程数据集及数据集间关系的逻辑建模、时空过程对象与数据集间关联的逻辑建模等。

PoMASOM 的逻辑组织遵循以下基本原则：

（1）逻辑组织结构采用统一建模语言（unified model language，UML）的对象建模模式展开。

（2）逻辑组织结构采用总体-部分模式展开，总体给出模型逻辑组织概览，部分给出逻辑组织的具体细节。

（3）鉴于时空过程数据模型的庞杂性，UML 图只给出对象类的名称，省略其属性与分析算子行为。

（4）UML 图旨在突出数据模型表达连续渐变的实体或现象，而将无关紧要的对象类省略。

4.1.1 概念框架

PoMASOM 的逻辑组织包括三部分内容：过程对象的逻辑组织结构详细给出过程对象间的逻辑视图；过程对象对应数据集的逻辑组织结构与数据集间的关系详细给出数据集间的逻辑视图；过程对象与对象数据集间的逻辑组织结构详细给出对象集、数据集及其关系的逻辑视图。其总体框架结构图如图 4-1 所示。

图 4-1 表明，所有的海洋时空过程对象都继承于抽象的海洋时空过程（MarineSTP）；所有的海洋时空过程数据集都继承于抽象的海洋时空过程数据集（MarineSTPDataSets），该数据集包含在一个海洋时空数据库系统中（MarineDatabase），并完全依赖于一个时空框架参考体系（STReferenceFrame）。尽管关系集的逻辑组织在图 4-1 中没有直接表达出来，而是通过对象集与数据集的对象组织隐式地表达。

4.1.2 海洋时空过程对象逻辑组织结构

海洋时空过程对象逻辑组织结构如图 4-2 所示。

从以下 5 点来理解过程数据模型的对象逻辑组织结构。

1. 具有面向对象的通用特性

海洋时空过程对象逻辑组织结构具有面向对象的通用特性，所有过程对象继承于同一个父类（MarineSTP），具有父类的所有属性与行为分析算子。海洋异质时空过程对象与同质时空过程对象分别继承于各自的父类：点、线、面、体时空过程对象，并由海洋时空过程序列对象聚合而成。异质时空过程对象与同质时空过程对象的划分简化了时空过程对象的描述与表达；时空过程序列对象则刻画了时空过程对象的渐变性与连续性，而这种渐变连续的机制蕴含在关系关联集中。

时空过程点（STPoint）、线（STLine）、面（STArea）、体（STVoxel）与像元（STPixel）对象继承于海洋时空过程序列对象（MarineSTPSequence），海洋时空过

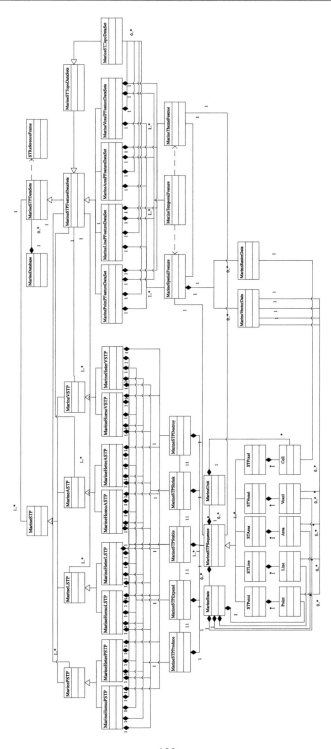

图 4-1 海洋时空过程对象模型逻辑组织的总体框架结构图

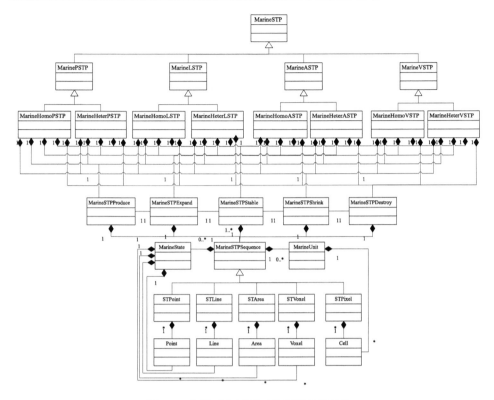

图 4-2　海洋时空过程对象逻辑组织结构

程序列对象由时空过程状态对象（MarineState）与时空过程变元对象（MarineUnit）聚合而成。MarineSTPSequence 向上聚合为过程序列，体现过程的时态信息；向下包含过程状态对象与过程变元对象，体现过程的空间信息。MarineSTPSequence 是整个时空过程数据模型中的重要对象类，其对象组织结构如图 4-3 所示。

在海洋时空过程序列对象组织结构图中，ProcessType 和 ProcessStage 为上文定义过的枚举类型，分别表达过程的同质性/异质性与过程所处的阶段；SpatialInfo、TemporalInfo 和 ThemeInfo 为结构体类型，分别存储过程的空间形态、时态结构与属性信息；GetProcessType()、GetProcessStage()、GetTimeRange() 分别获取过程的状态信息与时态信息；ProcessOverlap()、ProcessBuffer()、STInterpolate() 与 OceanDynamicModel() 为时空过程分析，刻画时空过程之间的关系与时空过程的连续渐变。

尽管时空过程点、线、面、体、像元等表达要素都继承于 MarineSTPSequence，但根据各对象本身特性，又具有自身的属性和行为分析算子，其中 GetThemeInfo() 返回 ThemeInfo 结构体类型，记录过程某时刻状态的属性信息。

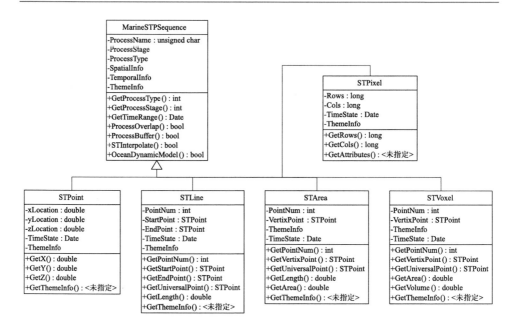

图 4-3　海洋时空过程序列对象组织结构

2. 时空过程序列与时空过程状态抽象为时空对象

时空过程序列与时空过程状态根据时态粒度的不同，可抽象为逐级包含的时空对象。尽管抽象出的时空对象不是真正意义上的时空对象，但从面向对象的技术角度分析具有时空对象的所有特性：①在时空范围内，具有唯一的对象标识，该对象标识继承其父类海洋时空过程的对象标识；②该时空对象具有一定的时态区间与空间范围，且空间范围动态变化；③时空对象可以进行任意时刻的插值分析，且插值结果具有地理意义。因而，把时空过程序列与时空过程状态抽象为时空对象具有以下两点特性。

1) 便于海洋时空过程对象的表达、存储与分析

海洋时空过程的本质是信息能量连续渐变的外在表现，但从技术实现的角度分析，目前计算机还无法对连续的信息进行描述与表达，必须对其离散化。根据时空粒度的不同，逐级抽象不仅能表达过程内部间的相互关系，而且能满足不同用户对不同时刻、时间区间与不同空间范围的对象信息的提取与分析。

2) 易于实现连续渐变对象的过程表达

连续渐变过程的表达是海洋时空过程数据模型构建的核心内容。把海洋时空过程序列和时空过程状态抽象为时空对象的目的之一，就是利用不同时空粒度的

对象间的包含关系、序列关系与关联关系及时空插值等分析算子实现过程的连续表达。

3. 连续渐变对象的过程表达

从对象的组织角度分析，连续渐变对象的过程表达体现在海洋时空过程对象的分级抽象和逐级包含。时空过程对象的分级抽象与逐级包含表达了过程内部的序列关系，如海洋时空过程包含若干个时空序列，每一个时空序列又包括若干个时刻状态。海洋时空过程序列和时刻状态都具有顺序关系，且顺序关系不可倒置。

目前，计算机技术还无法实现真正意义上的过程对象的连续表达，只能根据过程粒度的地理意义与实际应用的目的选择合适的时态粒度，实现对象连续渐变的"过程"表达。但可通过在海洋时空过程数据模型内部实现实体或现象关系、事件或演变机制的存储，从而实现实体或现象的过程近似模拟。

4. 时空过程状态与时空过程变元的表达

海洋时刻状态与时空过程变元是海洋时空过程序列对象的两种表达形式。任何海洋时空过程都可采用过程状态与过程变元进行描述与表达，但每一种时空过程都有其自身特性，采用不同的模式进行时空过程的表达，故在时空过程数据的冗余度、存取效率、时空分析算子功能效率等方面都存在很大差异。

海洋同质时空过程对象(点过程、线过程、面过程或体过程)的表达模式采用时空过程状态更具优势，其存储模式是把时态信息标记在实体上，利用实体在不同时刻版本间的关联关系、事件机制等刻画实体整体的演变轨迹。海洋异质时空过程对象的表达模式采用时空过程变元更具优势，其存储模式是把时态信息标记在实体的每一个变元上，通过变元间的关联关系、事件机制等实现变元的演变分析，能够清晰地表达每一变元的演变轨迹，从而进一步刻画实体的演变轨迹。

5. 矢量模型和栅格模型的底层存储

海洋时空过程数据模型的对象组织结构表明，无论是简单的海洋时空过程还是复杂的海洋时空过程，都可进行逐级分解，直至分解到最底层的基于矢量模型的点、线、面、体或基于栅格模型的像元。最底层存储实体或现象在某时刻的空间形态结构和属性信息，而过程序列和过程状态对象层存储实体或现象的整体空间形态结构、时态结构与实体或现象的演变机制。

最底层提供基于矢量模型和栅格模型的两种表达存储模式，可充分利用已有的空间数据模型结构，简化时空过程数据模型的设计与构建，即在时空过程数据模型的设计与构建时，重点考虑海洋时空过程的序列关系及序列关系演变机制的存储与实现。

4.1.3 时空过程数据集的对象逻辑组织结构

时空过程数据集的对象逻辑组织结构如图 4-4 所示。

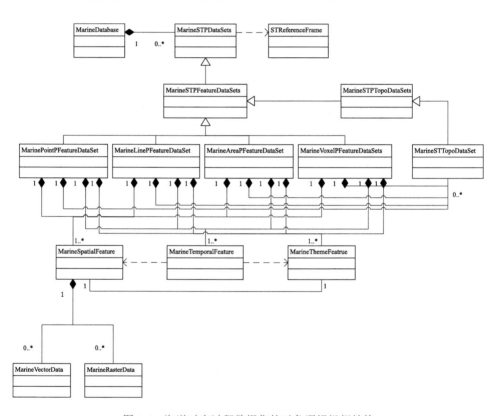

图 4-4 海洋时空过程数据集的对象逻辑组织结构

海洋时空过程所有数据集类都继承于 MarineSTPDataSets。MarineSTPDataSets 依赖于时空参考框架集类（STReferenceFrame），并聚合为海洋时空数据库（MarineDatabase）。MarineSTPDataSets 的子类包括：海洋时空过程特征数据集（MarineSTPFeatureDataSets）与海洋时空过程拓扑数据集（MarineSTPTopoSets）。海洋时空过程特征数据集记录实体或现象的空间特征（MarineSpatialFeature）、时态特征（MarineTemporalFeature）与属性信息特征（MarineThemeFeature）；海洋时空过程拓扑数据集记录实体或现象的历史演变序列间的空间、时态关系。MarineSpatialFeature 和 MarineThemeFeature 数据集类不仅记录实体或现象在某个时刻的空间形态信息与属性信息，而且依赖于 MarineTemporalFeature 记录实体或现象在特定的时态粒度范围内的演变信息。

海洋栅格数据（MarineRasterData）与海洋矢量数据（MarineVectorData）继承于 MarineSpatialFeature，分别以矢量数据结构与栅格数据结构记录某固定时刻的实体或现象的空间形态信息与属性信息。

MarineSpatialFeature、MarineTemporalFeature 与 MarineThemeFeature 紧密关联，不仅把实体的空间信息、时态信息与属性信息集成在统一的框架体系下记录过程某时刻的信息，而且通过把时态特征信息作用于空间特征，可获取空间特征的历史演变过程；把时态特征作用于属性特征可获取属性信息的历史演变过程；把时态特征同时作用于空间特征与属性特征可获取实体或现象的完整历史演变过程。MarineSpatialFeature 对象组织结构如图 4-5 所示，MarineTemporal Feature 对象组织结构如图 4-6 所示，MarineThemeFeature 对象组织结构如图 4-7 所示。

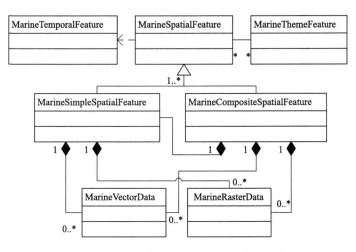

图 4-5 MarineSpatialFeature 对象组织结构

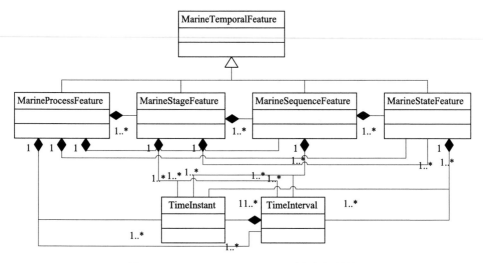

图 4-6　MarineTemporalFeature 对象组织结构

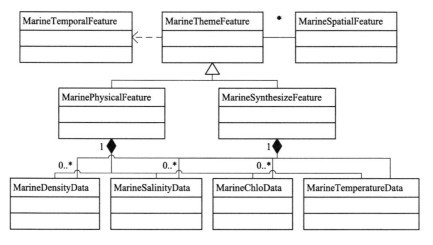

图 4-7　MarineThemeFeature 对象组织结构

4.1.4　时空过程对象关系逻辑结构

时空过程关系及关联的对象组织结构如图 4-8 所示。

海洋时空过程关系（MarineSTPRelationship）是海洋时空过程关系及关联的抽象基类，包含 4 个子类：海洋序列关系对象集（MarineSequenceRelationship）、海洋关联关系对象集（MarineAssociationRelationship）、海洋时空过程规则对象集（MarineSTPRules）与海洋事件集（MarineEvent）。

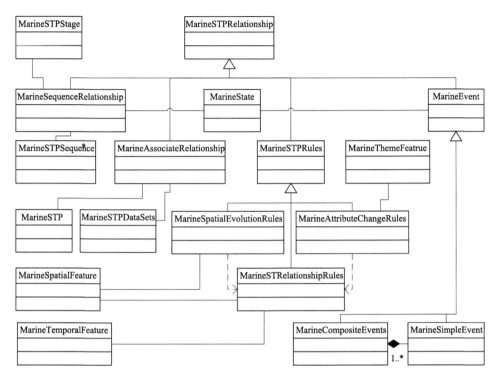

图 4-8　时空过程关系及关联的对象组织结构

MarineSequenceRelationship 旨在实现海洋时空过程序列（MarineSTPSequence）与
海洋时刻状态（MarineState）的关系连接。MarineSTPSequence 是海洋过程的产
生序列、扩展序列、稳定序列、消弱序列和消亡序列的概括。因而，MarineSequence
Relationship 主要实现过程内部间的关联关系，保证了过程的连续性。

MarineAssociationRelationship 实现对象集间、数据集间、对象集与数据集间
的关联。对象集间的关联关系体现对象间的逐级包含关系；数据集间的关联关系
描述数据集合间整体-部分关系；对象集-数据集间的关联刻画对象集与数据集间
的对应关系。通过 MarineAssociationRelationship，海洋时空过程抽象为完整的对
象整体,海洋时空过程序列及时空过程状态抽象为时态粒度不同的时空对象序列,
因而保证了在统一的时空对象框架体系下进行时空建模。

MarineSTPRules 有三个子类：海洋时空过程的空间形态演变规则
（MarineSpatialEvolutionRules）、海洋时空过程的属性变化规则（MarineAttribute
ChangesRules）与时空过程关系规则（MarineSTRelationshipRules），其中 Marine
SpatialEvolutionRules 和 MarineAttributeChangesRules 依赖于 MarineSTRelationship
Rules。MarineSpatialEvolutionRules 不仅定义了 MarineSpatialFeature 在空间域上

的取值与规则，而且定义了空间形态结构在整个过程的生命期内的取值与规则；同理，MarineAttributeChangesRules 也限定了实体或现象在整个生命期内的取值与规则。MarineSTRelationshipRules 同时与 MarineSpatialFeature 和 MarineTemporalFeature 关联，定义了统一的时空框架，规定了时空演变的一致性。

MarineEvent 作为特殊的海洋时空过程关系类，与海洋时刻状态关联，旨在实现海洋时空过程对象的连续渐变特性，包括简单海洋事件（MarineSimpleEvent）与复杂海洋事件（MarineCompositeEvent）两个子类。在海洋时空过程域中，过程的合并（merge）与分裂（split）、时空过程序列、时空过程状态之间的空间与属性插值分析算子、海洋动力模型等都可抽象为海洋事件。海洋事件在时空过程数据模型中的实现保证了海洋时空过程的连续渐变表达。海洋事件的对象组织结构见图 4-9。

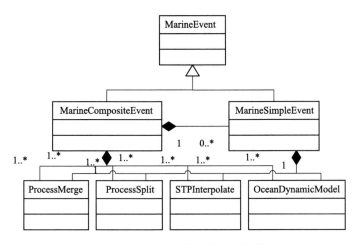

图 4-9　海洋事件的对象组织结构

4.2　海洋时空过程对象存储模型

目前，主流的商业数据库管理系统（Oracle、DB2、Informix 等）、开源数据库管理系统（IngresII、TerraLib 等）及 GeoDatabase 数据库等都采用对象-关系数据模型，并不是真正意义上的面向对象的时空数据库管理系统，即地理时空数据的存储主要依赖对象-关系数据理论（崔铁军, 2007）。对象-关系数据模型集成了面向对象的基本思想与关系分析算子理论，实现了复杂对象的处理能力，但需要提供复杂的对象关系表。为在对象-关系数据库管理系统中实现海洋时空过程对象的组织存储，本章在参照 Oracle Spatial（何原荣等，2008）和 GeoDatabase（Zeiler，1999；王育红，2021）等地理空间数据库的基础上，剖析海洋时空过程数据模型的对象-关系数据组织与存储结构。

4.2.1　框架结构

对象-关系数据组织的核心思想是在关系数据模型的基础上，通过二进制大对象块（binary large object block，BLOB）或抽象数据类型（abstract data type，ADT）把对象作为一个整体存储，同时在数据库底层（Oracle Spatial）或在数据库与应用程序之间提供对象分析算子接口（Geodatabase），从而实现对象的面向对象存储与分析。

海洋时空过程数据模型把海洋时空过程、时空过程序列与时空状态抽象为时空粒度不同的时空对象，时空对象间的关联通过过程内部间的内在联系实现。由于时空对象不仅包含某时刻的空间形态信息、属性信息，而且还包含空间信息与属性信息的动态变化，利用 BLOB 无法表达对象的动态信息，因而采用 ADT 对其进行扩展存储。每一种对象的类型结构包括四部分信息：空间信息、时态信息、属性信息与对象时空分析算子。时态信息与空间信息和属性信息关联，刻画空间形态结构的变化和属性的动态变化，对象时空分析算子刻画对象的时空演变与时空关系。时态信息采用时间点（time instant）或时间间隔（time interval）表达，空间信息和属性信息采用 BLOB 记录，且时态信息标记在 BLOB 上。根据海洋过程的同质性和异质性，属性信息 BLOB 的大小和存储模式都不相同。对象时空分析算子通过数据库与应用程序之间接口实现。PoMASOM 对象-关系组织存储结构如图 4-10 所示。

4.2.2　海洋时空过程对象 ADT 结构

抽象数据类型 ADT 是数学模型及定义在该模型上的分析算子，由三个基本元素组成：数据对象、数据对象之间的关系及数据对象分析算子。面向对象技术中的对象具有属性与相应属性的分析行为。因而，利用抽象数据类型能很好地对对象进行描述与表达，并作为对象-关系数据库中的列存储在数据库中，实现对象的完整存储。此外，ADT 定义的是一组逻辑模型，与具体实现无关，因而利用 ADT 对对象的描述与表达具有通用性，可利用不同的编程语言，在不同的数据库管理系统中实现。例如，C++利用对象与类的思想表达、Oralce Spatial 利用 Create Type×××as OBJECT 语句创建等。以下利用 C++对象与类的思想对海洋时空过程对象的 ADT 进行描述。

利用 C++对象与类的思想对海洋时空过程对象的 ADT 表达步骤可分为以下四步。

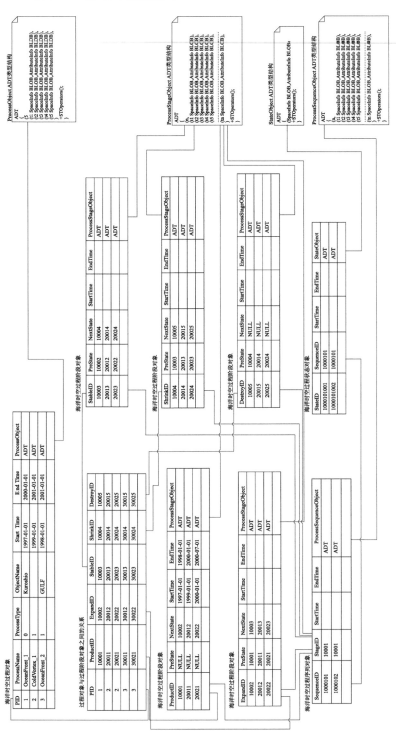

图 4-10 PoMASOM 对象-关系组织存储结构

(1) ADT 定义为类。

(2) 确定 ADT 数据对象内容，并转化为类的属性。

(3) 确定 ADT 数据对象间的关系及数据对象分析算子，并转化为类的函数。

(4) 创建类的实例，并实现之。

海洋时空过程对象的数据对象包括三部分：对象空间信息、对象时态信息和对象属性信息；数据内容包括五部分，分别是五个过程对象的平均空间状态分布与平均属性信息。

海洋时空过程对象间的关系及对象分析算子包括：①空间位置分析算子；②时态对空间形态分析算子；③属性分析算子；④时态对属性分析算子；⑤时态分析算子；⑥空间时态分析算子；⑦属性时态分析算子；⑧时空分析算子等。

海洋时空过程对象类记为：CProcessObject，则基于上述分析，海洋时空过程对象 C++类的 ADT 定义如下：

```
Class CProcessObject                          //过程对象类的定义
{
Public:
    CArray <CTime CTime> mTemporalInfo[5];    //过程对象时态信息
    CSpatialInfo mSpatialInfo[5];             //过程对象空间信息
    CAttributeInfo mAttributeInfo[5];         //过程对象属性信息
/* CSpatialInfo 和 CAttributeInfo 是结构体类型，分别记录某时刻的空间状态
信息和时态信息*/
Public:
    double GetX（CTime t）；
double GetY（CTime t）；
double GetZ（CTime t）；                        //空间位置分析
CSpatialInfo GetSpaceState（CTime t）；
CspatialInfo *GetSpaceTrace（CTime t,CTime t）；  //空间形态分析
double GetAttribute（CTime t ）；               //属性分析
CAttributeInfo GetAttribteState（CTime t）；
CattributeInfo* GetAttribteState（CTime t, CTime t）；  //时态对属性分析
    CTime GetStartTime（）；CTime GetEndTime（）；  //时态分析
    CTime GetTimeAtCertainSpace（CSpatialInfo s）；  //空间对时态分析
    CArray <CTime CTime> *GetTimeAtCertainSpace（CSpatialInfo s）；
    CTime GetTimeAtCertainAttribute（CAttributeInfo a）；//属性对时态分析
    CArray <CTime CTime> * GetTimeAtCertainAttribute （CAttributeInfo a）；
};
```

4.2.3 海洋时空过程序列对象 ADT 结构

从面向对象的角度分析,海洋时空过程序列对象具有相同的属性和分析算子,因而把两者放在一起统一讨论其 ADT 的内部结构表达。

海洋时空过程序列对象的数据对象包括三部分:对象空间信息、对象时态信息和对象属性信息;数据内容包括若干个时间序列或时间状态的空间位置形态的平均分布与属性信息的平均信息,无论是时间序列还是时间状态,其空间形态结构与属性信息的表达方式相同。

海洋时空过程序列对象间的关系及对象分析算子包括:①空间位置分析算子;②时态对空间形态分析算子;③属性分析算子;④时态对属性分析算子;⑤时态分析算子;⑥空间时态分析算子;⑦属性时态分析算子;⑧时空分析算子。

海洋时空过程序列对象类记为 CProcessSequenceObject。基于上述分析,海洋时空过程序列对象 C++类的 ADT 定义如下:

Class CProcessSequenceObject   //过程序列对象类的定义

{

Public:

    Int mSequenceNum;   //过程序列个数或过程状态个数

CArray <CTime CTime> mTemporalInfo[mSequenceNum];   //过程对象时态信息

    CSpatialInfo mSpatialInfo[mSequenceNum];   //过程对象空间信息

    CAttributeInfo mAttributeInfo[mSequenceNum];   //过程对象属性信息

/* CSpatialInfo 和 CAttributeInfo 是结构体类型,分别记录某时刻的空间状态信息和时态信息*/

Public:

    double GetX (CTime t) ;

    double GetY (CTime t) ;

    double GetZ (CTime t) ;   //空间位置分析

    CSpatialInfo GetSpaceState (CTime t) ;

    CspatialInfo *GetSpaceTrace (CTime t,CTime t) ;   //空间形态分析

    double GetAttribute (CTime t) ;   //属性分析

    CAttributeInfo GetAttribteState (CTime t) ;

    CattributeInfo* GetAttribteState (CTime t, CTime t) ;   //时态对属性分析

    CTime GetStartTime () ;CTime GetEndTime () ;   //时态分析

    CTime GetTimeAtCertainSpace (CSpatialInfo s) ;   //空间对时态分析

　　CArray <CTime CTime> *GetTimeAtCertainSpace（CSpatialInfo s）;
　　CTime GetTimeAtCertainAttribute（CAttributeInfo a）; //属性对时态分析
　　CArray <CTime CTime> * GetTimeAtCertainAttribute（CAttributeInfo a）;
};

4.2.4　海洋时刻状态对象 ADT 结构

　　海洋时刻状态对象的数据对象包括两部分：对象空间信息与对象属性信息。对象的时态信息标记在对象外层，因而海洋时刻状态对象数据内容只是某固定时刻的空间形态结构与属性信息。

　　海洋时空过程对象间的关系及对象分析算子包括：①空间位置分析算子；②属性分析算子。

　　海洋时刻状态对象类记为 CProcessStateObject，则基于上述分析，海洋时刻状态对象 C++类的 ADT 定义如下：

Class CProcessStateObject　　　　　　　　　//过程状态对象类的定义
{
Public:
double mXLocation;
double mYLocation;
double mZLocation;　　　　　　　　　　//空间属性
double mValue;　　　　　　　　　　　　//属性信息
Public:
　　double GetX（CTime t）;
double GetY（CTime t）;
double GetZ（CTime t）;　　　　　　　　//空间位置分析
CSpatialInfo GetSpaceState（CTime t）;
double GetAttribute（CTime t ）;　　　　　//属性分析
};

4.2.5　海洋时空过程对象存储

　　基于 ADT 的海洋时空过程表达模型和基于对象-关系表达海洋时空过程存储模型，可从时空过程对象存储与时空过程对象分析两方面理解，具体细分为以下五个方面。

1. 时空对象的整体存储

根据上述分析，利用抽象数据类型 ADT，可把空间信息、时态信息和属性信息封装在对象内部，并作为对象-关系数据库表中的列进行存储，从而实现海洋时空过程对象的整体存储。ADT 不仅封装了对象的时空属性，而且还表达了对象间的关系与对象属性获取的方法。利用 ADT 内部封装的分析算子，使时空过程对象的状态信息与动态变化信息的获取成为可能。

除此之外，ADT 对时空过程对象的封装，不仅保证了时空过程在逻辑上的完整性，也保证了其在物理存储上的完整性。这种逻辑上与物理上的完整性简化了外部行为对对象的分析，易于在上层的应用系统上实现对对象的各种分析算子的集成，如时空插值、时空聚合分析、时空可视化等。

2. 统一的矢量栅格数据组织

ADT 是一种逻辑组织结构，其内部可以是任何类型的属性信息与分析行为，即 ADT 内部的数据类型可以是通用编程语言的整型(int)、字符型(char)等，也可以是复杂的结构体类型与枚举类型，甚至是自定义的 BLOB 类型或新的 ADT 类型。因而，无论表达的地理载体是矢量数据还是栅格数据，都可转换为统一的 BLOB 格式封装在 ADT 内部。尽管矢量数据的 BLOB 记录坐标序列，栅格数据的 BLOB 记录像素序列，但 BLOB 本身对于用户而言没有本质差异，它对外提供统一的接口。因而，利用 ADT 数据类型，可在数据库底层实现统一的矢量数据与栅格数据的组织模式。

ADT 内部内嵌的 BLOB 存在两种模式，如图 4-11 所示。一种模式是空间信息用一个 BLOB 存储，属性信息用一个 BLOB 存储，两个 BLOB 用时态信息关联；另一种模式是空间信息和属性信息用一个 BLOB 存储，时态信息标记在 BLOB 内部。两种模式本质上并没有优劣之分，只是在具体的应用过程中存在差异。第一

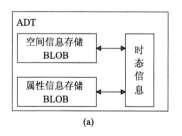
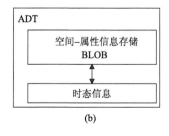

图 4-11 ADT 内部内嵌的 BLOB 的两种模式

种模式更容易对对象的空间信息与属性信息的变化进行分析；而第二种模式更容易同时对对象的空间信息与属性信息的变化进行分析。对于底层的矢量数据，利用第一种模式更为适宜，其原因在于矢量数据的空间信息与属性信息一般分开存储；而对于栅格数据，利用第二种模式更为适宜，其原因在于栅格数据的来源主要为遥感影像，而遥感影像的成像机理把空间信息与属性信息集成于一体。

3. 时空对象的关系分析

PoMASOM 对象-关系组织存储的一个重要优势是可充分利用关系代数理论，实现对象的时空查询分析。时空关系建立在时空元组之上，时空元组对应于时空数据库元组记录，即行记录；时空元组集合构成时空关系，即时空对象表。基于时空关系之上的时空关系代数与常规关系上的关系代数分析算子类似，5 个基本时空关系代数分析算子的完备集合为：时空并、时空差、时空笛卡儿运算、时空投影与时空选择(金培权等, 2005)，其他时空代数分析算子都可由其派生而得。

时空关系代数分析算子是时态关系代数分析算子与常规关系代数分析算子在统一框架下的集成，本节在时态关系代数分析算子的基础上(汤庸, 2004)，给出基本时空关系代数分析算子完备集合的形式化定义。

1) 时空并 ($\bigcup^{st}$)

设 (R, U, D) 是一个时空关系模式，$r1$ 和 $r2$ 是此关系模式下的两个时空关系，t 表示时空关系中任意时空元组，则时空关系的并 $(r1 \bigcup^{st} r2)$ 是由属于 $r1$ 或属于 $r2$ 的时空元组 t 组成的集合，其形式化定义为

$$r1 \bigcup^{st} r2 = \{t | t \in r1 \vee t \in r2\} \tag{4-1}$$

2) 时空差 ($-^{st}$)

设 (R, U, D) 是一个时空关系模式，$r1$ 和 $r2$ 是此关系模式下的两个时空关系，t 表示时空关系中任意时空元组，则时空关系的差 $(r1 -^{st} r2)$ 是由属于 $r1$ 但不属于 $r2$ 的时空元组 t 组成的集合，形式化定义为

$$r1 -^{st} r2 = \{t | t \in r1 \wedge t \notin r2\} \tag{4-2}$$

3) 时空笛卡儿运算 ($\times^{st}$)

设两个时空关系 $r1$ 和 $r2$ 分别是 n 元时空关系和 m 元时空关系，笛卡儿运算 $(r1 \times^{st} r2)$ 后新的时空关系具有 $n+m$ 元的关系，新元组的前 n 元来自 $r1$，新元组的后 m 元来自 $r2$。时空关系的笛卡儿积 $(r1 \times^{st} r2)$ 形式化定义为

$$r1 \times^{st} r2 = \{t | t \in <r1, r2> \wedge <r1, r2> \bigcap r1 = r1 \wedge <r1, r2> \bigcap r2 = r2\} \tag{4-3}$$

4) 时空投影 (Π^{st})

时空投影运算属于一元关系运算，对时空关系进行垂直分割，即根据指定的

条件重新生成一个原有关系"列"的子集。时空投影运算并不包括时空消除与时空合并分析算子，与传统的投影运算分析算子完全一致。因而，利用传统的投影运算分析算子形式化定义时空投影分析算子。假定某个时空关系 $r(X)$，X 是 r 中的属性集，A 是 X 的属性中的子集，那么 r 在 A 上的投影（Π^{st}）形式化定义为（汤庸，2004）：

$$\Pi^{st} A(r) = \{t[A] \mid t \in r, t \in \text{时空元组}\} \tag{4-4}$$

式中，$t[A]$ 表示时空元组 t 中相应的 A 属性投影分量。

5）时空选择（σ^{st}）

时空选择属于一元关系运算，用来对时空关系进行水平分割，即根据指定的条件重新生成一个原有关系"行"的子集。时空选择并不包括时空消除和时空合并分析算子，与传统的选择分析算子完全一致。因而，利用传统的选择运算形式化定义时空选择分析算子。其选择运算（σ^{st}）形式化定义为

$$\sigma^{st} = \{t \mid t \in r \wedge F(t) = "T", t \in \text{时空元组}\} \tag{4-5}$$

4. 过程对象的连续渐变表达

过程对象的连续渐变表达是海洋时空过程数据模型设计的核心与关键，能否实现海洋对象的连续渐变表达也是衡量时空过程模型设计优劣的重要标准。在逻辑模型设计阶段，海洋时空过程、时空过程序列、时空过程状态分别抽象为时空尺度不同的对象，并利用对象之间的关联关系及内部间的变化机制，实现过程对象的连续渐变表达。

抽象数据类型 ADT 保证了时空过程对象在对象-关系数据库中的整体存储。海洋时空过程对象、时空过程序列对象及时空过程状态对象以 ADT 封装，其空间、时态与属性信息作为数据库表中的列进行整体存储。而对象的空间、时态与属性的各种分析算子通过数据库接口在应用程序中具体实现，保证对象内部间的内在联系；对象间的关系分析算子通过外部程序实现，保证时空过程对象的时空分析。

5. 过程对象的分级表达

海洋时空过程对象、时空过程序列对象及时空过程状态对象是时空尺度不同的对象。这种不同粒度的时空对象间蕴含了时空插值与时空聚合分析算子，如图4-12(a)所示。从海洋时空过程对象表、时空过程序列对象表及时空过程状态对象表存储的 ADT 内容分析，海洋时空过程对象表存储时空过程对象各个阶段的平均状态信息（空间形态的平均分布及属性信息的平均值）；而时空过程状态对象表存储过程对象在某个时刻的空间形态分布及属性信息。其存储内容的时态粒度逐渐变小，空间信息和属性信息精度逐渐增高，如图 4-12(b)所示。时空过程对象

的倒金字塔结构和存储信息的分级结构，保证了海洋时空过程对象的分级表达，如图 4-12(c)所示。因而，利用抽象数据类型对海洋时空过程对象进行存储，可实现对象的分级表达与时空分析。

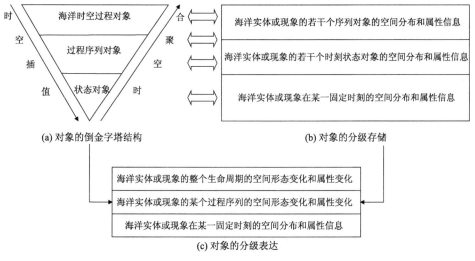

图 4-12　海洋时空过程对象的分级表达

4.3　海洋时空过程对象模型评价

海洋时空过程对象模型在时空过程的语义表达、动态分析及过程的矢量栅格统一组织存储方面，比目前存在的时空数据模型具有优势(Xue et al., 2019a; 薛存金等, 2022)，目前在海洋中尺度涡提取与时空分析(Du et al., 2014; Yi et al., 2017; Wang et al., 2020)、海洋异常变化对象时空挖掘(Liu et al., 2019; Li et al., 2021; Xue et al., 2022)、暴雨事件提取(Xue et al., 2019b; 杜云艳等, 2021)等方面取得系列成果。但在设计时由于面向对象的局限性，以及与其他应用领域的密切相关性，所设计的模型也存在许多不足。

4.3.1　海洋时空过程数据模型的优势

1. 语义表达

海洋时空过程是海洋领域内具有生命周期的连续渐变的海洋实体或现象的概念抽象，海洋时空过程数据模型的载体就是抽象的海洋时空过程。任何实体或现象在其生命周期内，都具有产生、扩展、稳定、削弱和消亡阶段，而每一个阶段都由若干演变序列构成。因而，根据时空粒度的不同，海洋时空过程对象可进行逐级抽象，形成语义包含的对象序列：海洋时空过程对象、时空过程序列对象与时空过程状态对象。

海洋时空过程对象的分级抽象，一方面为海洋时空过程对象的分级存储奠定了基础。在底层的时空数据库中，可分别记录时空过程对象、时空过程序列对象与时空过程状态对象。这种分级存储机制易于实现海洋时空过程对象的不同时空尺度对象的获取，且为复杂的过程拓扑分析向时空拓扑分析转换提供了可能，实现了时空过程内部的时态序列分析与时空过程对象间的拓扑分析。

另一方面，时空过程对象的分级抽象使时空过程对象的连续渐变表达更科学、更真实地逼近实体或现象的动态轨迹。连续渐变的表达依靠对实体或现象规律的模拟，即依靠实体或现象的演变操作。如前所述，海洋时空过程对象在不同的生命阶段，其内在的变化规律存在很大差异，因而需要在不同的生命阶段内置演变操作函数。时空过程对象的分级抽象及分级存储为不同演变操作函数（属性演变操作和空间形态演变操作）的内置提供了可能。

2. 时空分析

时空分析是时空数据模型必须实现的内容，而时空分析的实现必须依靠模型提供时空操作接口。海洋时空过程数据模型提供的时空操作类型如表 4-1 所示。其中，S、T、A 和 P 分别表示空间形态、时态信息、属性信息与过程对象，→表示函数操作符，如 S→S 表示空间形态对空间形态的操作，S→T 表示空间形态对时态信息的操作，依次类推。

表 4-1　海洋时空过程数据模型时空操作类型

	S	T	A	P
S	S→S	S→T	S→A	S→P
T	T→S	T→T	T→A	T→P
A	A→S	A→T	A→A	A→P
P	P→S	P→T	P→A	P→P

表 4-1 表明，海洋时空过程数据模型的时空操作类型分为三部分：静态操作（static operators）、动态操作（dynamic operators）与过程操作（process operators）。

静态操作包括空间形态对属性信息、属性信息对空间形态的相互操作，具体包括：S→S、S→A、A→S 和 A→A 四种类型的操作。静态操作不包含任何时态信息，表达某时刻的空间形态与属性状态。静态操作是面向对象空间数据模型必须实现的内容,保证了空间实体的对象分析。

动态操作包括空间形态与属性信息对时态信息的操作、时态信息对空间形态和属性信息的操作两部分,具体包括:T→S、T→T、T→A、S→T 和 A→T 五种类型的操作。动态操作包含对时态信息的处理,是面向对象时空数据模型必须实现的内容,从而保证时空对象的时空分析。然而,目前存在的时空数据模型的时空操作都是针对离散的时态变化的,而对连续变化的时态信息却无能为力。基于此,PoMASOM 在已有的时空操作的基础上,提出空间形态演变操作(spatial operators on evolution)与属性信息演变操作(attributes operators on evolution),从而保证了时空过程对象的连续渐变表达、存储与分析。

过程操作是过程对象的操作,包括根据空间形态、时态信息和属性信息对过程对象的获取和根据过程对象对其空间形态、时态信息和属性信息的获取,甚至是过程对象的抽取及可视化操作等,具体包括:S→P、T→P、A→P、P→P、P→S、P→T 和 P→A 七种类型的操作。过程操作是 PoMASOM 独有的时空分析操作,它不仅保证了实体或现象时态的连续渐变分析,也保证了实体或现象作为过程对象的整体分析。

3. 统一的矢栅数据组织存储

在海洋时空过程数据模型对象逻辑关系设计中,基于海洋时空过程对象的分级抽象与逐级包含机制,任何的海洋时空过程对象都可用基于矢量模型的点、线、面、体等实体和基于栅格模型的像元表达。如前所述,海洋时空过程对象的矢量模型表达采用坐标序列、时态信息与属性信息的三元组;而海洋时空过程的栅格模型表达采用栅格矩阵与时态信息的二元组。无论是三元组还是二元组,面向对象都把其作为整体进行描述、表达与分析。

PoMASOM 采用 ADT 对矢量数据的三元组或栅格数据的二元组进行存储。ADT 对外提供的接口是一种数据存储结构。利用 ADT 内部提供的算法,实现对矢量数据或栅格数据的解析及分析,实现物理存储上的统一。

总之,PoMASOM 对象逻辑设计中的过程对象的分级抽象和逐级包含与组织存储的 ADT 抽象数据类型为矢量数据和栅格数据提供了统一的表达与分析接口。一方面可充分利用已有的矢栅算法,另一方面也降低了模型应用的复杂性。

4.3.2 海洋时空过程数据模型的不足之处

由于地学现象及其时空关系的复杂性,时空数据模型经过 40 多年的发展还没有形成一个通用的数据模型对地理实体或现象进行存储、表达、组织与进一步地模拟预测(王家耀等, 2004; Zhou et al., 2020)。任何时空数据模型的设计都有其针

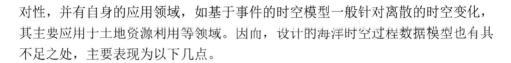

对性，并有自身的应用领域，如基于事件的时空模型一般针对离散的时空变化，其主要应用于土地资源利用等领域。因而，设计的海洋时空过程数据模型也有其不足之处，主要表现为以下几点。

1. 应用范围的局限性

PoMASOM 不是一个通用的时空数据模型，针对目前时空数据模型对海洋领域内具有连续渐变的海洋实体或现象无法科学的描述与表达，以及进一步对过程变化规律的揭示所设计。PoMASOM 主要应用于连续变化的地理时空对象或现象，如台风、涡旋、火势蔓延、流行病传播等，具有一定的局限性。因而，PoMASOM 所应用的地理实体或现象具有以下两个特性。

(1)实体或现象具有完整的生命周期特性。

(2)实体或现象在生命周期内部连续变化，且变化是渐变而不是突变。

基于此，PoMASOM 能科学表达海洋领域内实体或现象的过程、大气领域内部分实体或现象的过程、地球信息科学领域的连续变化过程等。

诚然，PoMASOM 也不是不能表达其他类型的实体或现象，只不过无须如此复杂的组织结构，如对于离散的时空变化，PoMASOM 不需提供空间形态与属性的演变操作接口、无须设计复杂的组织结构进行演变关系表达与存储等。

2. 数学基础理论薄弱

数学基础理论薄弱主要体现在时空拓扑与过程拓扑关系分析方面。空间关系及空间拓扑、时态关系及时态拓扑的研究都已经相当成熟与完善，但时空拓扑关系的研究却没有一个公认的统一的框架体系，原因就在于还没有全新的数学理论来解决时空集成问题。

本章从时空本质出发，并以笛卡儿积的形式给出时空框架体系，描述了 64 种时空拓扑关系语义及几何表达，但拓扑关系的完备性及科学性还需要进一步的理论及实践验证。此外，把过程拓扑关系的分析等价为时空对象的拓扑分析是否可行也需要进行理论及实践验证。

3. 与其他应用领域的关联密切

时空操作是时空数据模型的一个重要组成部分，PoMASOM 的时空操作较其他时空数据模型更为重要。PoMASOM 的时空操作不仅实现了对象分析、过程的整体分析，更为重要的是实现了过程的连续渐变演化，为进一步探讨过程变化的机制及规律奠定了基础。如前所述，空间形态的演变、属性的演变及过程的演变都具有多种实现形式。从数学模拟的角度，可采用时空插值的方式去实现；从实体自身特性出发，需采用海洋动力模型去实现。

　　PoMASOM 的时空演变操作接口实现了海洋时空动态演变分析，支撑进一步挖掘演变机制机理。基于时空插值经验函数的演变操作简单易行，具有很大的主观性，如在海洋过程阶段中采用的经验插值函数等。基于海洋动力模型的演变操作更具客观性，但海洋动力模型需要综合各种海洋动力参数，包括地形、风速、温度等，实现过程相对复杂，且需依靠海洋专业技术知识。两种操作接口各有优缺点，但要想科学客观地表达和挖掘海洋实体或现象的演变规律，需要综合集成海洋大数据驱动和海洋动力模型驱动的优势。

4.4　本章小结

　　以海洋时空过程语义为主线，基于地理时空对象建模方法，本章从四个方面阐述了海洋时空过程建模与组织模型的框架结构、表达模型和存储方法。①利用统一模型语言 UML，设计了海洋时空过程的逻辑模型，包括过程对象模型、数据集模型和过程-数据集的管理模型；②利用对象关系数据库和抽象数据类型 ADT，设计了海洋时空过程的组织结构，实现了过程对象及其演变关系的一体化存储；③从时空过程的角度，设计了海洋时空过程分析算子，阐述了分析算子在过程对象模型的集成接口；④最后分析了海洋时空过程模型潜在的应用领域和局限性。

主要参考文献

崔铁军. 2007. 地理空间数据库原理. 北京: 科学出版社.

杜云艳, 易嘉伟, 薛存金, 等. 2021. 多源地理大数据支撑下的地理事件建模与分析. 地理学报, 76(11): 2853-2866.

何原荣, 李全杰, 傅文杰. 2008. Oracle Spatial 空间数据库开发应用指南. 北京: 测绘出版社.

金培权, 岳丽华, 龚育昌. 2005. 时空数据库查询语言 SQLST. 计算机工程, (7): 60-62.

李寅超, 李建松. 2017. 基于过程对象的地表覆盖变化时空过程表达模型. 吉林大学学报(地球科学版), 47(3): 916-924.

汤庸. 2004. 时态数据库导论. 北京: 北京大学出版社.

王家耀, 魏海平, 成毅, 等. 2004. 时空 GIS 的研究与进展. 海洋测绘, (5): 1-4.

王育红. 2021. Geodatabase 设计与应用分析. 北京: 清华大学出版社.

徐爱功, 车莉娜. 2013. 一种新的时空过程模型建模方法. 测绘科学, 38(6): 60-63.

徐爱功, 车莉娜. 2014. 地理现象时空逻辑过程建模方法. 测绘通报, (8): 48-51.

薛存金, 苏奋振, 何亚文. 2022. 过程——一种地理时空动态分析的新视角. 地球科学进展, 37(1): 65-79.

薛存金, 周成虎, 苏奋振, 等. 2010. 面向过程的时空数据模型研究. 测绘学报, 39(1): 95-101.

张丰, 刘仁义, 刘南, 等. 2008. 一种基于过程的动态时空数据模型. 中山大学学报(自然科学版), 47(2): 123-126.

周成虎, 苏奋振. 2013. 海洋地理信息系统原理与实践. 北京: 科学出版社.

Du Y, Yi J, Wu D, et al. 2014. Mesoscale oceanic eddies in the South China Sea from 1992 to 2012: Evolution processes and statistical analysis. Acta Oceanologica Sinica, 33(11): 36-47.

He Y, Sheng Y, Hofer B, et al. 2022. Processes and events in the centre: A dynamic data model for representing spatial change. International Journal of Digital Earth, 15(1): 276-295.

Jiang B, Zhang X, Huang X, et al. 2014. A spatio-temporal process data model for characterizing marine disasters // IOP Conference Series: Earth and Environmental Science. IOP Publishing, 18(1): 012063.

Li L W, Xu Y, Xue C J, et al. 2021. A process-oriented approach to identify evolutions of sea surface temperature anomalies with a time-series of a raster dataset. ISPRS International Journal of Geo-Information, 10(8): 500.

Liu J Y, Xue C J, Dong Q, et al. 2019. A process-oriented spatiotemporal clustering method for complex trajectories of dynamic geographic phenomena. IEEE Access, 7:155951-155964.

Wang H, Du Y, Yi J, et al. 2020. Mining evolution patterns from complex trajectory structures-A case study of mesoscale eddies in the South China Sea. International Journal of Geo-Information. 9(7): 441.

Xue C J, Dong Q, Xie J. 2012. Marine spatio-temporal process semantics and its applications-taking the ENSO process and Chinese rainfall anomaly as an example. Acta Oceanologica Sinica, 33(2): 16-24.

Xue C J, Liu J Y, Yang G H, et al. 2019a. A process-oriented method for tracking rainstorms with a time-series of raster datasets. Applied Sciences, 9(12): 2468.

Xue C J, Wu C, Liu J, et al. 2019b. A novel process-oriented graph storage for dynamic geographic phenomena. ISPRS International Journal of Geo-Information, 8(2): 100.

Xue C J, Xu Y, He Y. 2022. A global process-oriented sea surface temperature anomaly dataset retrieved from remote sensing products. Big Earth Data, 6(2): 179-195.

Yi J, Du Y, Wang D, et al. 2017. Tracking the evolution processes and behaviors of mesoscale eddies in the South China Sea: A global nearest neighbor filter approach. Acta Oceanologica Sinica, 36(11): 27-37.

Zeiler M. 1999. Modeling Our World. Redlands, California: ESRI Press.

Zhou C, Su F, Pei T, et al. 2020. COVID-19: Challenges to GIS with big data. Geography and Sustainability, 1(1): 77-87.

第 5 章

海洋时空过程图模型

本章导读

• 图模型以离散数学的图论为基础，通过节点和边描述地理世界中的对象和关系。由于采用免索引链接和自动索引机制，图模型在地理关系表达与存储方面优势明显。

• 相对于第 4 章的对象角度，本章以属性图模型为基础，以演变过程为基本单元，阐述海洋时空动态对象及演变关系的表达模型与存储结构，拓展海洋时空动态表达理论与存储方法。

• 通过 4 类节点：过程节点、序列节点、状态节点和链接节点，以及 3 类边：包含边、演变边和相互作用边，建立海洋时空过程两层图表达与存储模型：过程图模型和序列图模型，实现过程对象和演变关系的一体化表达与存储。

• 通过对象关系数据库(Orcale Spatial)和图数据库(Neo4j)，对比分析了海洋时空过程对象模型和图模型的表达存储能力，研究结果表明，在对象存储能力方面，对象关系数据库具有优势；在演变关系存储方面，图数据库优势明显。面向海洋时空动态建模与挖掘分析，海洋时空过程图模型更具应用潜力。

5.1 海洋时空过程图表达模型

5.1.1 图模型

图模型的基本表达模式为：$G=(N, E)$，其中 N 为节点，E 为边。节点(node)和边(edge)是图模型的两个基本元素，节点用来存储实体，边用来存储实体之间的关系。图模型是图数据库概念建模的基础，包括数据类型与结构描述、数据操作与查询语言，以及数据完整性规则（Angles and Gutierrez, 2008）。目前，常见的图模型包括属性图模型、超图模型和资源描述框架（resource description framework，RDF）三元组模型等（戴夫·贝克伯杰和乔希·佩里曼, 2021）。

1. 属性图模型

在属性图模型中，节点和关系是两个最基本的组成要素，分别用于抽象现实世界中的实体以及实体之间的联系。实体及实体间联系的类别采用给实体节点和关系添加类别标签的方式进行表示，节点和关系的属性信息采用键-值对（key-value pair）的方式进行记录。所有的关系都是通过有向边来表示。为了保证数据的完整性，数据中不允许存在悬挂边，即每条边都必须连接一个起始节点和一个结束节点，图 5-1 为空间区域和海洋环境要素演变过程的属性图表达模型。

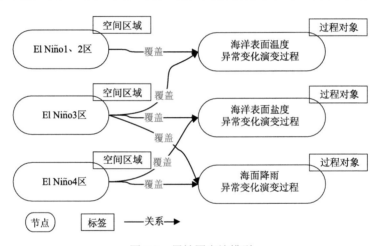

图 5-1　属性图表达模型

在属性图模型中，节点、边和标签是三个基本概念。属性图由节点和边组成：节点可以有属性，利用标签进行表达，根据属性的特征，可以采用一个或多个标签进行表达；边用来连接节点，根据关系的性质，边可以具有方向，也可以没有方向，边也可以具有属性，采用标签表达。属性图节点-边的表达结构在关系表达方面更具优势，因此为复杂地理关系的表达与推理提供了基础（刘辉, 2017; Xue et al., 2019a）。

2. 超图模型

超图模型是一种更抽象的图模型（符海芳和崔伟宏, 2003）。与属性图模型中每条边只能连接一个起始节点和一个结束节点不同，超图模型中允许多个节点连接在同一个关系的任意一端,这种关系在超图模型中成为超边。超边的设计更适合于表达多对多的对象关系(贾佳,2020)。超图模型与属性图模型本质上是同构的,但超图模型在数据表达上更为抽象简单,而属性图模型的信息描述更为显式具体。图 5-1 所示的超图模型如图 5-2 所示。

在实际应用中,究竟选择超图模型还是属性图模型,需结合具体的应用问题来决定。若应用问题的表达只涉及宽泛抽象的关系可以选择超图模型,如海洋表面温度异常变化过程覆盖哪些空间区域;若应用问题需要明确地梳理对象之间的具体关系,如海洋表面温度异常变化过程覆盖具体的空间区域,则采用属性图模型更为合适。

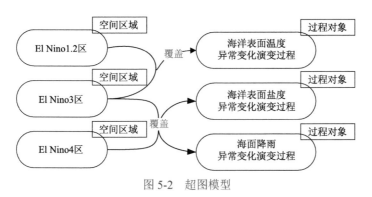

图 5-2　超图模型

3. RDF 三元组模型

RDF 是表达语义网关联数据的一种基本数据模型,并主要以主-谓-宾三元组结构进行数据表达、存储和查询。RDF 三元组模型具有表达关联数据的能力,但其序列化的数据存储方式并不具备无索引邻接的图数据库特征属性,因而也没有针对级跳查询这种图遍历操作的优化,其在空间数据表达与存储,尤其是动态演变表达与存储方面存在挑战。

4. 地理时空图

图模型以离散数学的图论为基础,通过节点和边来抽象客观世界中的对象和关系。在地理时空图模型中,节点表达存储地理对象,边表达存储地理对象之间的关系(Mondo et al., 2010, 2013; Xu and Liu, 2021)。由于采用无索引邻接技术,地理时空图模型在处理复杂时空关系时具有级跳查询能力(Robinson et al., 2015),相比于地理对象模型,其在时空关系查询与分析方面具有明显的优势(Xue et al., 2019a),目前广泛应用于地理时空动态对象存储、演变特征挖掘和时空模式发现等方面(Thibaud et al., 2013; Zhu et al., 2017; Wang et al., 2020; 杜云艳等,
2021)。例如，Khiali 等(2018, 2019)在地理时空图表达的基础上，基于时间序列
相似性度量方法，利用地理对象在时间上演化行为的相似性，挖掘具有相似演化
过程的对象集合；基于地理时空图模型，开展海洋热浪演变(Lo et al., 2021)、土
地利用类型变化(Gowtham et al., 2018; Wu et al., 2021)、暴雨事件(Liu et al., 2016;
Xue et al., 2019b)、沙尘暴(Yu, 2020)、海洋异常变化对象(Liu et al., 2018; Li et al.,
2021)等地理现象或对象的时空动态挖掘分析。

5.1.2 海洋时空过程图框架

根据海洋时空过程语义，节点表达存储的地理对象包括海洋过程对象、海洋
序列对象、海洋状态对象和海洋链接对象；边表达存储的地理关系包括过程对象-
序列对象-状态对象之间的隶属关系、状态对象之间的演变关系(发展、合并、分
裂、合并分裂关系)和序列对象之间的演变关系(发展、合并、分裂)。

在海洋时空过程图模型中，有四类节点类型：过程节点(process node)、序列
节点(sequence node)、状态节点(state node)和链接节点(linked node)。过程节点
是地理对象的父节点，抽象表达海洋时空过程的空间(形态结构、覆盖范围)、时
间(开始时间、结束时间、持续时间)、主题属性和包含的序列对象；序列节点表
达海洋时空过程在特定时间范围内的演变对象，包括演变序列的空间(形态结构、
覆盖范围)、时间(开始时间、结束时间、持续时间)、演变序列类型(产生序列、
发展序列、稳定序列或消亡序列)和状态对象；状态节点用于表达某时刻的地理对
象的空间位置、空间结构、时间信息和主题属性；链接节点表达独立的时刻状态
对象(不属于任何一个演变序列)，用于链接两个或多个演变序列，用来表达时刻
状态对象的演变行为信息：合并、分裂或分裂-合并。

在海洋时空过程图模型中，有三类边类型：海洋过程—演变序列—时刻状态
之间的包含边、时刻状态对象之间的演变边和海洋过程之间的相互作用边。海洋
过程—演变序列—时刻状态之间的包含边连接海洋过程与演变序列对象、演变序
列与时刻状态对象，表达它们之间的隶属关系，清晰地刻画了海洋时空动态对象
的整体与局部的关系，如海洋过程包含多少个演变序列，某演变序列包含多少个
时刻状态，某个时刻状态对象隶属于哪个演变序列等；时刻状态对象之间的演变
边连接两个时刻状态对象，表达时刻状态对象在时刻间的演变关系，包括发展、
合并、分裂、分裂-合并关系，清晰地刻画了海洋时刻状态对象的变化及如何变化；
海洋过程之间的相互作用边连接两个过程对象，表达海洋过程对象间的相互作用
关系，如地理过程之间的响应关系、驱动关系等，刻画海洋时空动态对象为什么
发生变化，为探索海洋时空变化的机制机理提供基础。

利用节点-边的图表达结构，根据海洋时空过程分级抽象语义，PoMSTGM 采用两层图模型进行表达：过程图模型和序列图模型，如图 5-3 所示。在 PoMSTGM 中，序列图是过程图的子图，过程图模型中的每一个序列节点都利用一个序列图模型进行表达。

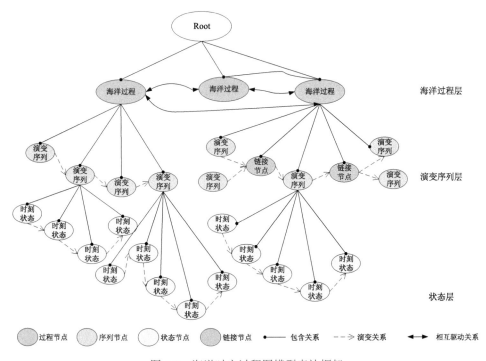

图 5-3　海洋时空过程图模型表达框架

5.1.3　海洋过程图

海洋过程图模型（process-oriented graph model，PoGM）通过时空过程层与演变序列层之间的包含关系链接过程节点与序列节点和链接节点，通过演变关系连接序列节点与链接节点，从而实现海洋时空对象的过程表达。每一个序列节点是对海洋演变信息的抽象概括，由序列时刻状态对象构成；链接节点对应于属性特征或演变结构发生剧烈变化的海洋时刻状态对象，包含海洋动态对象演变的关键信息。因此，PoGM 通过序列节点与链接节点的链接，从序列演变的尺度刻画了海洋动态过程的演变结构。在 PoGM 模型中，过程节点表达的时空信息包括空间覆盖范围、起始时间、终止时间和对象属性信息。过程对象的空间覆盖范围为所有时刻状态对象空间覆盖范围的并集，起始时间为过程对象的产生时间，终止时间为过程对象的消失时间，对象属性信息为海洋环境要素的过程对象属性信息，如基于海洋表面温度的过程对象的属性信息为海洋表面温度在演变生命周期范围内的属性信息。

5.1.4 海洋序列图

序列节点与状态节点通过演变序列层和时刻状态层之间的包含关系与时刻状态层之间的发展关系构建第二层图模型：序列图模型（sequence-oriented graph model, SoGM）。在 SoGM 模型中，每一个演变序列，其空间结构和属性具有类似的变化特征，包含的状态节点详细地表达海洋演变过程在每个时刻的空间结构和属性特征。因此，SoGM 模型从数据观测的尺度（时刻状态）详细刻画了海洋动态过程的演变信息。SoGM 模型利用序列节点抽象地表达海洋演变序列的时空信息，包括空间覆盖范围、起始时间、终止时间和对象属性。序列对象的空间覆盖范围为所有隶属于序列对象的时刻状态对象空间覆盖范围的并集，起始时间为序列对象的产生时间，终止时间为序列对象的消失时间，对象属性信息为海洋环境要素的序列对象属性信息。

5.2 海洋时空过程图存储模型

5.2.1 Neo4j 图数据库

图数据库是基于图论而建立的用于数据存储与管理的数据库，利用图结构中的节点和边实现数据的表达与存储（戴夫·贝克伯杰和乔希·佩里曼, 2021）。每个节点和每条边又各自包含各自的属性字段和属性值，节点和节点之间相互独立。节点不要求固定的字段和类型，可以建立多种同类型或不同类型间的相互关系。在其底层实现时，将关系和节点通过双向链表进行存储。图数据库使用双向链表存储，使得任意点的插入和删除操作时间复杂度仅为 $O_{(1)}$，空间复杂度为 $O_{(n)}$。不像对象-关系数据库需要对表进行连接等二元操作，遍历检索数据在最坏情况下时间复杂度也仅为 $O_{(n)}$。Cypher 作为图数据库的声明式图查询语言，封装集成了图遍历、图结构更新、节点插入等操作，不仅实现了节点之间的关联，也提供了最基本的统计查询功能。

Neo4j 是由 Java 实现的开源 NoSQL 图数据库（张帆等, 2017），自 2003 年开始研发，直到 2007 年才正式发布第一版。Neo4j 的源代码托管在 GitHub 上，技术支持托管在 Stack Overflow 和 Neo4j Google 讨论组上，Neo4j 图数据库基于图结构存储技术、免索引链接和自动索引机制，实现图数据存储和遍历查询优化。

Neo4j 图数据库最大的优势体现在对数据关系的检索上。Neo4j 也可以被看作是一个高性能的图引擎，该引擎具有成熟数据库的所有特性。相对于对象关系数据库来说，图数据库善于处理大量复杂、互连接、低结构化的数据。如果数据关系很复杂，数据存储在多张表中，对象关系数据库需要通过各种联表操作才能获取感兴趣的数据，且 SQL 语句复杂，不利于维护，性能也不高。尽管 Neo4j 图数据库是完全不同于关系型数据库的新型图数据库，但依旧保留了完整的数据库特性，在事务处理方面保留了 ACID(atomicity consistency isolation durability，不可分割性、一致性、独立性、持久性)特性，以支持数据库集群、数据库备份和恢复。

　　Neo4j 数据存储模型有两类：节点和边。节点利用节点存储文件(neostore. nodestore. db)存储，边利用关系存储文件(neostore.relationshipstore.db)存储，两者采用双向链表结构，实现过程对象的组织存储(张帜等，2017)。除节点存储文件和关系存储文件外，另外一个常见的是属性存储文件(neostore.propertystore.db)，用以存储过程对象的属性信息。节点、关系和属性在存储文件中均以固定字节长度存储。Neo4j 图存储文件的物理结构如图 5-4 所示。

　　面向复杂的地理对象，Neo4j 采用节点-边的表达结构和免索引存储技术，在语义上显式表达时态地理信息系统的时空特性，在底层存储上一体化存储地理空间、时间和属性信息(李连伟等，2019; Xue et al., 2019a)。Neo4j 图数据库在地球信息科学领域具有很大的应用潜力，目前广泛应用在地理对象和地理关系存储与推理分析方面(廖理，2015; 杜云艳等，2021; He et al., 2022)。

5.2.2　海洋过程图存储模型

　　海洋过程图模型(PoGM)中存在三类节点：过程节点、序列节点和链接节点。过程节点作为序列节点和链接节点的父节点存储完整的地理演变过程，包括空间、时间和属性；序列节点存储具有相似时空特征的演变序列，包括空间、时间和属性，链接节点是剧烈变化的时刻状态，负责链接不同的演变序列，存储时刻状态的空间和属性信息。过程节点与序列节点和链接节点之间的关系是包含关系，序列节点与链接节点之间是发展、合并、分裂或合并-分裂关系。利用图模型中的(属性-值)元组结构，PoGM 组织存储结构如图 5-5 所示。

　　在 PoMSTGM 中，利用 ProcessID，可获取任意给定过程的所有序列节点、链接节点及它们之间的关系。利用 ContainEdge，对于任意给定的过程节点，可获取所有的序列节点和链接节点；对于任意给定的序列节点或链接节点，可获取隶属的过程节点。利用 EvoultionEdge，对于任意给定的过程节点，可获取所有的序列节点和链接节点的演变特征；对于任意给定的序列节点或链接节点，可获取当前节点的前节点和后节点信息，以及前节点和当前节点的行为特征。

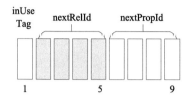

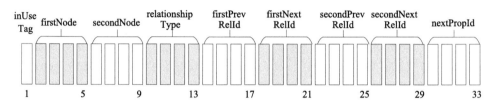

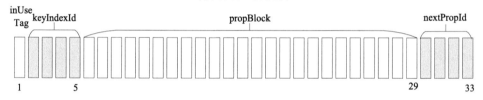

(a) 节点物理存储结构

- inUseTag：应用标识
- nextRelId：该节点的下一个关系ID
- nextPropId：该节点的下一个属性ID

- inUseTag：应用标识
- firstNode：当前关系的起始节点
- secondNode：当前关系的终止节点

- relationshipType：关系类型
- firstPrevRelId：起始节点的前一个关系ID
- firstNextRelId：起始节点的后一个关系ID

- secondPrevRelId：终止节点的前一个关系ID
- secondNextRelId：终止节点的后一个关系ID
- nextPropId：当前关系的后一个属性ID

(b) 关系物理存储结构

- inUseTag：应用标识
- keyIndexId：属性索引ID

- propBlock：属性块
- nextPropId：当前关系的后一个属性ID

(c) 属性物理存储结构

图 5-4　Neo4j 图存储文件的物理结构

5.2.3　海洋序列图存储模型

在 SoGM 模型中存在两类节点：序列节点和状态节点。序列节点作为状态节点的父节点存储具有相似演变特征的序列信息，包括空间、时间和属性信息；状态节点存储地理实体在时刻上的状态信息，包括空间信息和属性信息。由于序列节点存储具有相似演变特征的时刻状态，序列节点和状态节点之间只存在一种发展的演变关系。利用图模型中的(属性-值)元组结构，SoGM 组织存储结构如图5-6 所示。

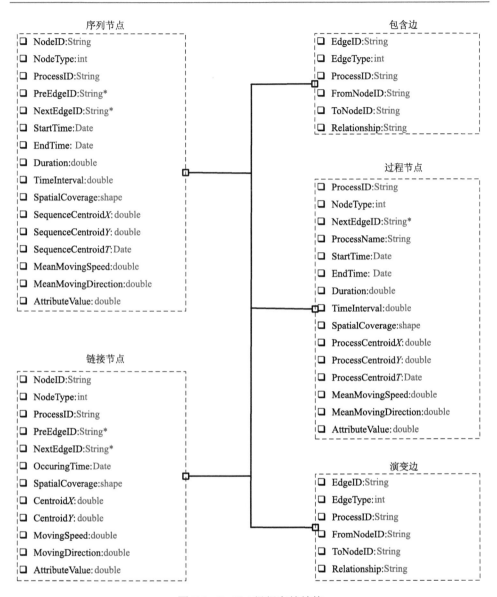

图 5-5　PoGM 组织存储结构

在 SoGM 模型中，利用 SequenceID，可获取任意给定序列节点的所有状态节点及它们之间的演变关系。利用 Edge，对于任意给定的序列节点，可获取所有的状态节点的行为特征；对于任意给定的状态节点，可获取当前节点的前节点和后节点信息，以及前节点和当前节点的行为特征。

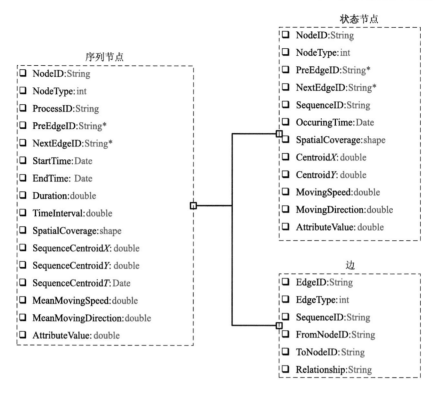

序列节点
- NodeID:String
- NodeType:int
- ProcessID:String
- PreEdgeID:String*
- NextEdgeID:String*
- StartTime:Date
- EndTime: Date
- Duration:double
- TimeInterval:double
- SpatialCoverage:shape
- SequenceCentroidX: double
- SequenceCentroidY: double
- SequenceCentroidT: Date
- MeanMovingSpeed:double
- MeanMovingDirection:double
- AttributeValue: double

状态节点
- NodeID:String
- NodeType:int
- PreEdgeID:String*
- NextEdgeID:String*
- SequenceID:String
- OccuringTime:Date
- SpatialCoverage:shape
- CentroidX: double
- CentroidY: double
- MovingSpeed:double
- MovingDirection:double
- AttributeValue: double

边
- EdgeID:String
- EdgeType:int
- SequenceID:String
- FromNodeID:String
- ToNodeID:String
- Relationship:String

图 5-6　SoGM 组织存储结构

5.2.4　海洋时空过程图存储结构

基于海洋时空过程图表达模型和存储结构，以海洋表面温度异常变化过程对象为例，海洋时空过程图存储的视图结构如图 5-7 所示。在图 5-7 中，节点存储文件存储海洋表面温度异常变化过程的四类节点信息：过程节点存储海洋表面温度异常变化过程的基本信息，包括过程 ID、空间(空间位置和形态)、时间(开始时间、结束时间、持续时间)、主体属性(属性类型、属性的基本统计信息)等；序列节点存储海洋表面温度异常变化演变序列的基本信息，包括序列 ID、空间(空间位置和形态)、时间(开始时间、结束时间、持续时间)、序列类型、主体属性(属性类型、属性的基本统计信息)等；状态节点存储海洋表面温度异常变化时刻状态对象信息，包括对象 ID、空间位置、空间形态、发生时刻、主题属性等；链接节点存储海洋表面温度异常变化时刻状态对象信息，包括对象 ID、空间位置、空间形态、发生时刻、主题属性和链接类型等。

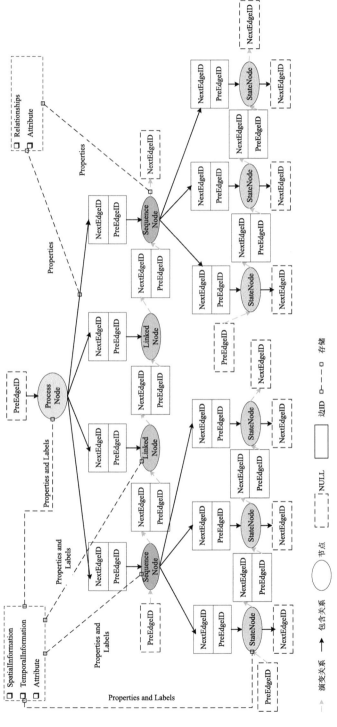

图 5-7　海洋时空过程图存储的视图结构

关系存储文件存储海洋表面温度异常变化过程的三类边信息：包含边存储边 ID、边类型、父节点 ID 和子节点 ID；演变边存储边 ID、边类型、前节点 ID 和后节点 ID；相互作用边存储边 ID、边类型、前节点 ID 和后节点 ID。

每一个对象节点(过程节点、序列节点、状态节点和链接节点)存储 1 个和多个输入该节点的边 ID(NextEdgeID)，同时存储一个或多个从该节点输出的边 ID(PreEdgeID)。针对不同的关系类型(包含关系和演变关系)，对边进行标识。同样，每一条边连接两个节点，根据连接方向，定义为前节点和后节点，边 ID 既是前节点输出的边 ID(NextEdgeID)，同时也是后节点输入的边 ID(PreEdgeID)。如果一条边只有前节点输出的边 ID 或后节点输入的边 ID，则这样的边不存在，即前节点输出的边 ID 或后节点输入的边 ID 指向 NULL。

5.3 海洋时空过程图存储能力分析

5.3.1 模拟数据

模拟的过程数据包括 7 个演变序列(7 个序列节点)、25 个时刻状态(3 个链接节点和 22 个状态节点)和 16 个发展关系、4 个合并关系和 4 个分裂关系，示意图如图 5-8(a)所示，基于图模型的表达结构如图 5-8(b)所示。Oracle Spatial 对象-关系数据库与 Neo4j 图数据库分别进行过程对象的组织存储，为更好地分析不同数据库大小对两种数据库的影响，数据库分别复制了 100 倍、1000 倍、10000 倍、100000 倍、1000000 倍的模拟的过程数据。

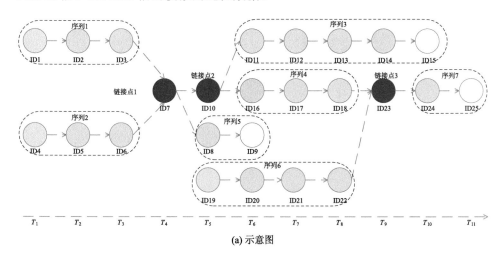

(a) 示意图

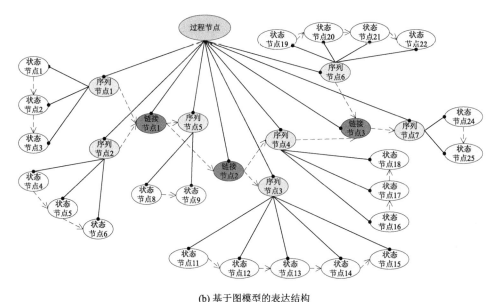

(b) 基于图模型的表达结构

图 5-8　模拟的时空过程

本章从数据库存储容量、对象查询和关系查询三个方面，开展对象-关系数据库和图数据库对海洋时空过程对象的存储能力分析。Neo4j 图数据库利用节点文件和关系文件存储 4 类节点(过程节点、序列节点、链接节点和状态节点)和两类边(包含边和演变边)。Oracle Spatial 对象-关系数据库存储 3 个对象表(过程对象表、序列对象表和状态对象表)和 2 个关系表(包含关系表和演变关系表)，5 个表之间通过对象 ID 进行链接，其中对象 ID 有 3 类：过程对象、序列对象和时刻状态对象。基于 Oracle 对象-关系数据库存储视图结构如图 5-9 所示。

5.3.2　过程对象存储

在数据库存储能力上，Oracle 对象-关系数据库优于 Neo4j 图数据库，如图 5-10 所示。Neo4j 图数据库存储节点(对象)与边(关系)，Oracle 对象-关系数据库存储对象表和关系表，两者的存储容量都随着数据量的增加而增加，且 Neo4j 图数据库比 Oracle 对象-关系数据库存储容量高一个数量级。其原因在于 Neo4j 图数据库采用双向链表结构，节点与节点链接(边)存储在关系文件中，且存储两次；Oracle 对象-关系数据库采用规则的关系表进行存储，且存储一次。

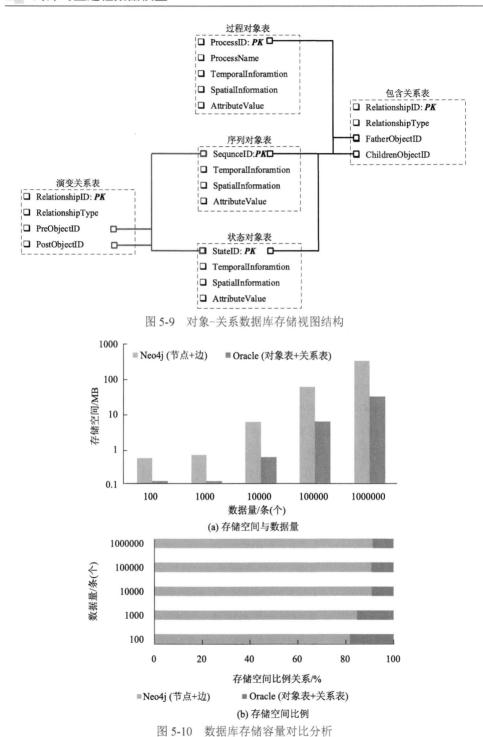

图 5-9 对象-关系数据库存储视图结构

(a) 存储空间与数据量

(b) 存储空间比例

图 5-10 数据库存储容量对比分析

在过程对象查询性能上，在数据库较小的情况下，Oracle 对象-关系数据库比 Neo4j 图数据库具有轻微的优势，但随着数据库容量增大，Neo4j 图数据库比 Oracle 对象-关系数据库具有明显的优势，如图 5-11 所示。其原因在于 Oracle 对象-关系数据库在查询对象时，需要遍历所有的过程对象，而 Neo4j 图数据库利用空间索引直接定位到查询的过程对象。图 5-11 给出了 Neo4j 图数据库与 Oracle 对象-关系数据库在不同的数据库容量下，返回任意一个过程对象(包括序列对象和状态对象)所需要的时间。

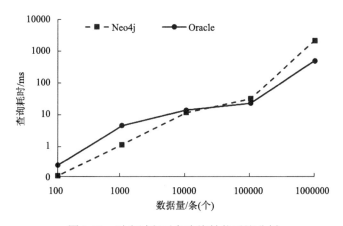

图 5-11　时空过程对象查询性能对比分析

5.3.3　演变关系查询

过程对象演变关系的查询包括两个方面：一是在给定数据库容量的前提下，查询当前时刻的状态对象在下一个时刻(深度为 1)的状态对象及演变关系，下两个时刻(深度为 2)的状态对象及演变关系，以此类推；二是给定一个过程对象，在其生命范围内从 T_n 时刻到 T_k 时刻的所有演变关系。图 5-12 给出了 Neo4j 图数据库和 Oracle 对象-关系数据库演变关系的性能对比分析。图 5-12(a) 显示了数据库容量为 100 万个过程对象，查询 ID7(T_4 时刻)在下一个时刻(T_5)至下六个时刻(T_{10})的计算时间(演变深度分别为 1~6)。图 5-10(b) 显示了查询状态对象 ID7 到 ID23 所经历的所有演变关系，数据库容量分别为 100 个、1000 个、10000 个、100000 个、1000000 个过程。分析结果表明，Neo4j 图数据库在过程对象演变关系查询性能上比 Oracle 对象-关系数据库具有优势，且随着演变深度的增加或数据库容量的增加，这种优势更加明显。其原因在于对深度为 n 的演变关系查询时，Neo4j 图数据库利用节点的 Next 函数，需要遍历链表 n 次，链表遍历时间复杂度为 $O(n)$，而 Oracle 对象-关系数据库需要对对象-关系表执行 n 次嵌套循环，以实现对象-关系表的链接，时间计算复杂度为 $O(n \times n)$。

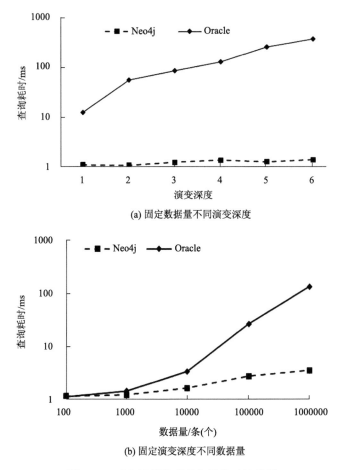

(a) 固定数据量不同演变深度

(b) 固定演变深度不同数据量

图 5-12　时空过程关系查询性能对比分析

5.4　本　章　小　结

　　以海洋时空过程语义为主线，本章从图模型的角度阐述了"海洋时空过程—演变序列—时刻状态"对象及其演变关系的建模理论与方法。主要包括：①阐述了海洋时空演变过程与图模型的映射关系：演变过程对应节点，演变关系对应边；②定义了 4 类节点和 3 类边，建立了海洋时空过程两层图模型表达方法：过程图和序列图；③基于 Neo4j 数据库，建立了海洋时空过程图存储模型；④阐述分析了海洋时空过程图存储能力。本章与第 4 章系统地阐述了海洋时空过程表达与存储方法，拓展了地理时空动态建模理论。

主要参考文献

戴夫·贝克伯杰, 乔希·佩里曼. 2021. 图数据库实战. 叶伟民, 刘华译. 北京: 人民邮电出版社.

杜云艳, 易嘉伟, 薛存金, 等. 2021. 多源地理大数据支撑下的地理事件建模与分析. 地理学报, 76(11): 2853-2866.

符海芳, 崔伟宏. 2003. 地理信息的超图时空数据挖掘. 计算机工程与应用, (14): 78-80.

贾佳. 2020. 地理信息的超图时空数据挖掘探究. 科学技术创新, (17): 99-100.

李连伟, 伍程斌, 崔建勇, 等. 2019. 基于图结构的暴雨事件组织方法研究. 系统工程理论与实践, (3): 805-816.

廖理. 2015. 基于 Neo4j 图数据库的时空数据存储. 信息安全与技术, 6(8): 43-44.

刘辉. 2017. 基于图模型的地理对象关联关系集成表达研究. 南京: 南京师范大学.

张帜, 庞国明, 胡佳辉, 等. 2017. Neo4j 权威指南(图数据库—大数据时代的新利器). 北京: 清华大学出版社.

Angles R, Gutierrez C. 2008. Survey of graph database models. ACM Computing Surveys, 41(1): 1-39.

Gowtham A, Anuj K, Vipin K. 2018. Spatio-temporal data mining: A survey of problems and methods. ACM Computing Surveys, 51(4): 83. 1-83. 41.

Guttler F, Ienco D, Nin J, et al. 2017. A graph-based approach to detect spatiotemporal dynamics in satellite image time series. ISPRS Journal of Photogrammetry and Remote Sensing, 130: 92-107.

He Y, Sheng Y, Hofer B, et al. 2022. Processes and events in the centre: A dynamic data model for representing spatial change. International Journal of Digital Earth, 15(1): 276-295.

Khiali L, Ienco D, Teisseire M. 2018. Object-oriented satellite image time series analysis using a graph-based representation. Ecological Informatics, 43: 52-64.

Khiali L, Ndiath M, Alleaume S, et al. 2019. Detection of spatio-temporal evolutions on multi-annual satellite image time series: A clustering-based approach. International Journal of Applied Earth Observation and Geoinformation, 74: 103-119.

Li L, Xu Y, Xue C, et al. 2021. A process-oriented approach to identify evolutions of sea surface temperature anomalies with a time-series of a raster dataset. ISPRS International Journal of Geo-Information, 10: 500.

Liu J Y, Xue C J, He Y W, et al. 2018. Dual-constraint spatiotemporal clustering approach for exploring marine anomaly patterns using remote sensing products. IEEE Journal of Selected Topics in Applied Earth Observations and Remote Sensing, 11, 3963-3976.

Liu J, Xue C, Dong Q, et al. 2019. A process-oriented spatiotemporal clustering method for complex trajectories of dynamic geographic phenomena. IEEE Access, 7: 155951-155964.

Liu W B, Li X G, Rahn D A. 2016. Storm event representation and analysis based on a directed spatiotemporal graph model. International Journal of Geographical Information Science, 30(5): 948-969.

Lo S H, Chen C T, Russo S, et al. 2021. Racking heatwave extremes from an event perspective. Weather and Climate Extremes, 34(43): 100371.

Mondo G D, Rodríguez M A, Claramunt C, et al. 2013. Modeling consistency of spatio-temporal graphs. Data & Knowledge Engineering, 84: 59-80.

Mondo G D, Stell J G, Claramunt C, et al. 2010. A graph model for spatio-temporal evolution. Journal of Universal Computer Science, 16(11): 1452-1477.

Robinson I, Webber J, Eifrem E. 2015. Graph Database (2nd edition). Sebastopol: O'Reilly Media, Inc., 1005 Gravenstein Highway North.

Thibaud R, Mondo G D, Garlan T, et al. 2013. A spatio-temporal graph model for marine dune dynamics analysis and representation. Transactions in GIS, 17(5): 742-762.

Wang H, Du Y, Yi J, et al. 2020. Mining evolution patterns from complex trajectory structures-A case study of mesoscale eddies in the South China Sea. International Journal of Geo-Information, 9(7): 441.

Wu B, Yu B, Shu S, et al. 2021. A spatiotemporal structural graph for characterizing land cover changes. International Journal of Geographical Information Science, 35(2): 397-425.

Xu C, Liu W. 2021. Integrating a three-level GIS framework and a graph model to track, represent, and analyze the dynamic activities of tidal flats. ISPRS International Journal of Geo-Information, 10(2): 61.

Xue C J, Liu J Y, Yang G H, et al. 2019a. A process-oriented method for tracking rainstorms with a time-series of raster datasets. Applied Sciences, 9(12): 2468.

Xue C J, Wu C, Liu J, et al. 2019b. A novel process-oriented graph storage for dynamic geographic phenomena. ISPRS International Journal of Geo-Information, 8(2): 100.

Yi J, Du Y, Wang D, et al. 2017. Tracking the evolution processes and behaviors of mesoscale eddies in the South China Sea: A global nearest neighbor filter approach. Acta Oceanologica Sinica, 36(11): 27-37.

Yu M. 2020. A graph-based spatiotemporal data framework for 4D natural phenomena representation and quantification-An example of dust events. ISPRS International Journal of Geo-Information, 9(2): 127.

Zhu R, Guilbert E, Wong M S. 2017. Object-oriented tracking of the dynamic behavior of urban heat islands. International Journal of Geographical Information Science, 31(2): 405-424.

第 6 章

海洋时空过程图数据库原型系统

本章导读

· 相对于目前的海洋时空数据模型，以演变过程为基本单元的海洋时空数据模型实现了过程对象和过程对象演变关系的一体化表达与存储，为开展地理时空动态建模理论与方法提供了新的思路。

· 本章基于 Neo4j 图数据库和长时序海洋表面温度数据集，构建海洋表面温度异常变化过程图数据库原型系统，在海洋时空过程对象存储与管理、过程对象查询和可视化方面开展海洋时空过程数据模型的表达和存储能力分析。

· 海洋时空过程图数据库原型系统实现了近 70 年全球海洋表面温度异常变化过程对象及演变关系的存储，且具备扩展能力，为开展全球和区域尺度的海洋时空动态分析及气候变化研究提供了支撑。

6.1 图数据库原型系统设计

以演变过程为基本单元的海洋时空过程数据模型是一个新的概念，相对于以数据观测尺度的地理时空数据模型，该模型高效地实现了海洋时空动态对象及对象演变关系表达与存储。本章基于 Neo4j 图数据库(张帜等, 2017)，构建并建立海洋表面温度异常变化过程图数据库系统，实现海洋表面温度异常变化过程对象的存储管理、查询检索和可视化，从而验证该模型的可行性、有效性和可拓展性。

6.1.1 开发环境

海洋表面温度异常变化过程图数据库系统原型系统采用 Windows 单机开发测试，开发测试环境如表 6-1 所示。

表 6-1　开发测试环境

	开发测试环境	推荐配置
CPU	2.7 GHz Intel Core i5	Intel（R）Xeon（R）CPU E5-2630 v4 @ 2.20GHz
内存	4GB DDR3	8GB DDR3
GPU	Intel Iris Graphics 6100	NVIDIA Quadro M6000 24 GB
硬盘	128G SSD/128G HDD	128G SSD/512G HDD
开发环境	Visual Studio 2015	Visual Studio 2015 及以上版本
数据库	Neo4j 4.0 社区版	Neo4j 4.0 及以上
操作系统	Windows 10 64 位	Windows Server 2016 64 位
	.NET Framework 4.6.1 及以上	.NET Framework 4.6.1 及以上
第三方插件	JAVA JRE 1.8.1	JAVA JRE 1.8 及以上
	.NET4.6.1	.NET4.6 及以上

6.1.2　系统框架

参照 GIS 和海洋 GIS 的框架结构和设计原理（苏奋振和周成虎，2006;
Karssenberg et al., 2010; 薛存金和董庆, 2012;Xue et al., 2015b; Li et al., 2022），海
洋表面温度异常变化过程图数据库原型系统设计为三层框架结构：底层是海洋时
空过程对象图数据库及管理系统(process-oriented SST graph database management
system，PoSSTGDMS)、顶层是海洋时空过程对象功能分析系统(process-oriented
SST analysis system，PoSSTAS)、中间层是过程对象引擎(process object engine，
POE)。三者紧密关联，相辅相成，其框架结构如图 6-1 所示。

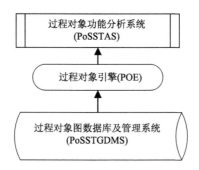

图 6-1　海洋图数据模型原型系统框架结构

海洋时空过程对象图数据库及管理系统负责海洋过程对象及演变关系的组织
与存储，包括过程对象入库、过程对象删除、过程对象索引等；过程对象引擎负

责过程数据库系统与过程功能分析系统之间的数据转换与封装，实现过程状态对象与过程对象之间的相互转换（包括时刻状态对象之间的演变关系、过程对象与序列对象和序列对象与状态对象之间的包含关系），是过程功能挖掘分析的保证；海洋时空过程对象功能分析系统负责系统功能的实现，包括过程对象的获取、查询、分析及可视化等。

6.2 海洋表面温度异常变化过程图数据库

6.2.1 海洋表面温度数据集

本章采用的海洋表面温度数据集来源于美国国家海洋和大气管理局的地球系统研究实验室的物理科学部(http://www.esrl.noaa.gov/psd/)的 COBE SST 产品数据(Reynolds et al., 2002)。数据集的时间分辨率为月尺度，时间范围为 1950 年 1 月~2021 年 12 月，空间分辨率为 1°，空间范围为全球海洋区域。为剔除太阳辐射带来的季节变化影响，逐栅格像元采用时间距平算法进行标准化处理，形成全球 70 年月尺度海洋表面温度月均距平数据集(Xue et al., 2015a)。图 6-2 和图 6-3 分别显示了月均和标准化月均距平的全球海洋表面温度空间分布。

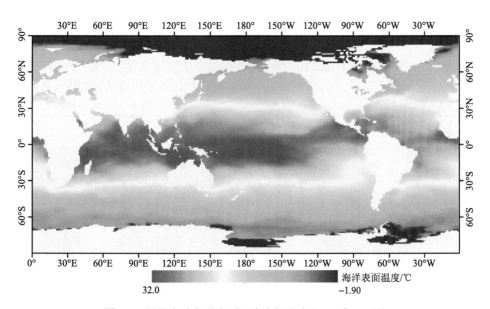

图 6-2 月均全球海洋表面温度空间分布(2015 年 12 月)

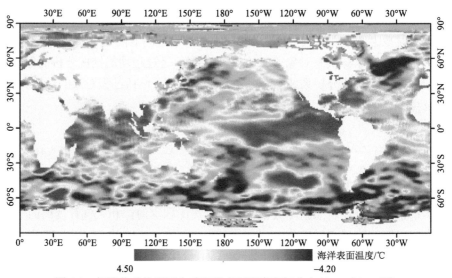

图 6-3　标准化月均距平全球海洋表面温度空间分布(2015 年 12 月)

6.2.2　海洋表面温度异常变化过程对象集

基于海洋表面温度月均距平数据集,利用海洋异常变化过程对象提取方法(Li et al., 2021),在全球尺度上共提取海洋表面温度异常变化过程对象 676 个,包含 1746 个序列对象、5928 个状态对象,提取序列间的演化关系 1192 条、状态间的演化关系 5374 条(Xue et al., 2022)。全球海洋表面温度暖异常变化过程对象覆盖的空间分布如图 6-4 所示,全球海洋表面温度异常变化过程对象提取结果如表 6-2 所示。

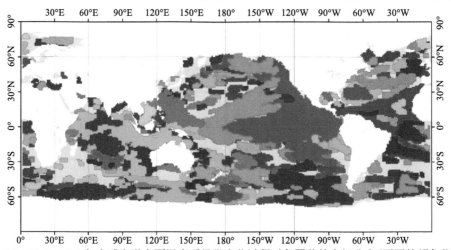

图 6-4　1950~2021 年全球海洋表面温度暖异常变化过程对象覆盖的空间分布(不同的颜色代表不同的过程对象)

表 6-2　全球海洋表面温度异常变化过程对象提取结果表

异常类型	过程对象/个	序列对象/个	状态对象/个	状态间演化关系/条		序列间演化关系/条	
暖异常	376	1084	3532	发展	2611	发展	163
				分裂	313	分裂	313
				合并	285	合并	285
				分裂-合并	31	分裂-合并	31
冷异常	300	662	2396	发展	1842	发展	108
				分裂	158	分裂	158
				合并	131	合并	131
				分裂-合并	3	分裂-合并	3

　　海洋表面温度异常变化过程数据集包括：过程对象集、序列对象集、状态对象集和时空状态对象之间的演变关系。过程对象集存储过程对象的整体信息，包括过程名称、过程 ID、过程持续时间、起止时间、过程类型、过程的空间覆盖范围、异常温度的平均值等；序列对象集存储序列对象 ID、持续时间、空间覆盖范围、异常温度的平均值等；状态对象集存储状态对象 ID、发生时间、空间覆盖范围、异常温度的平均值等。过程对象、序列对象和状态对象的属性列表如表 6-3~表 6-5 所示，时刻状态对象之间、序列对象之间的关系表属性字段如表 6-6、表 6-7 所示。

表 6-3　过程对象的属性列表

名称	定义	注释
FID	LONG	文件自带属性字段，要素唯一标识符
Shape	Polygon	文件自带属性字段，要素类型
PRID	LONG	过程对象唯一标识符
STime	STRING	起始时间
ETime	STRING	终止时间
DurTime	INT	持续时间
AvgValue	DOUBLE	属性均值
MinValue	DOUBLE	属性最小值
MaxValue	DOUBLE	属性最大值
MinLon	DOUBLE	最小经度
MinLat	DOUBLE	最小纬度
MaxLon	DOUBLE	最大经度
MaxLat	DOUBLE	最大纬度
Abnormal	STRING	异常类型

表 6-4　序列对象的属性列表

名称	定义	注释
FID	LONG	文件自带属性字段，要素唯一标识符
Shape	Polygon	文件自带属性字段，要素类型
PRID	LONG	所属过程对象
SQID	STRING	序列对象唯一标识符
STime	STRING	起始时间
ETime	STRING	终止时间
DurTime	INT	持续时间
AvgValue	DOUBLE	属性均值
MinValue	DOUBLE	属性最小值
MaxValue	DOUBLE	属性最大值
MinLon	DOUBLE	最小经度
MinLat	DOUBLE	最小纬度
MaxLon	DOUBLE	最大经度
MaxLat	DOUBLE	最大纬度
SeqType	STRING	序列对象类型
Theta	DOUBLE	序列对象演变方向
Abnormal	STRING	异常类型

表 6-5　状态对象的属性列表

名称	定义	注释
FID	LONG	文件自带属性字段，要素唯一标识符
Shape	Polygon	文件自带属性字段，要素类型
PRID	LONG	所属过程对象
SQID	STRING	所属序列对象
STID	STRING	状态对象唯一标识符
Time	STRING	所处时刻
Area	DOUBLE	空间区域面积
AvgValue	DOUBLE	属性均值
MinValue	DOUBLE	属性最小值
MaxValue	DOUBLE	属性最大值
MinLon	DOUBLE	最小经度
MinLat	DOUBLE	最小纬度
MaxLon	DOUBLE	最大经度
MaxLat	DOUBLE	最大纬度

续表

名称	定义	注释
CoreLon	DOUBLE	质心经度
CoreLat	DOUBLE	质心纬度
Abnormal	STRING	异常类型

表 6-6　状态对象关系表

名称	定义	注释
PRIOR_STID	STRING	上一时刻状态对象的唯一标识符
NEXT_STID	STRING	下一时刻状态对象的唯一标识符
Relation	STRING	演化关系类型
Abnormal	STRING	异常类型

表 6-7　序列对象关系表

名称	定义	注释
PRIOR_SQID	STRING	上一时刻序列对象的唯一标识符
NEXT_SQID	STRING	下一时刻序列对象的唯一标识符
Relation	STRING	演化关系类型
Abnormal	STRING	异常类型

1997 年 5 月~1998 年 5 月的厄尔尼诺事件是 20 世纪发生的最强的一次 ENSO 事件，导致全球极端气候事件的发生(Wolter and Timlin, 2011)。在此 ENSO 事件发生期间，太平洋区域的海洋表面温度异常变化，出现了产生、发展和消亡的演变过程。此过程对象包括 8 个演变序列对象、38 个时刻状态对象、5 个合并关系、2 个分裂关系和 30 个发展关系。

图 6-5 展示了该过程对象的空间分布及其随时间的演变特征：产生、发展、合并、分裂、消亡。1997 年 2 月，在东太平洋和中太平洋分别出现了小范围的海洋表面温度异常升高现象(2 个时刻状态对象产生)；随着时间推移，两个对象逐级扩大，中太平洋的对象向东太平洋扩展，而东太平洋的对象向中太平洋扩展，于 1997 年 7 月合并成一个对象(合并关系发生)；该异常变化对象在中、东太平洋区域一致发展持续到 1998 年 2 月，然后分裂成两个对象(分裂关系发生)，并逐渐消亡。该海洋表面温度异常变化的演变过程(产生、发展、合并、分裂、消亡)与该期间发生的 ENSO 事件存在密切的耦合关系，在厄尔尼诺事件发生时(1997 年 5 月)，在中、东太平洋出现了海洋表面温度异常升高现象，在厄尔尼诺事件强度最强且相对稳定时(1997 年 7 月~1998 年 6 月)，海洋表面温度异常升高的空间范围达到最大并趋于稳定，在厄尔尼诺事件减弱时，海洋表面温度异常也逐渐趋于消失。

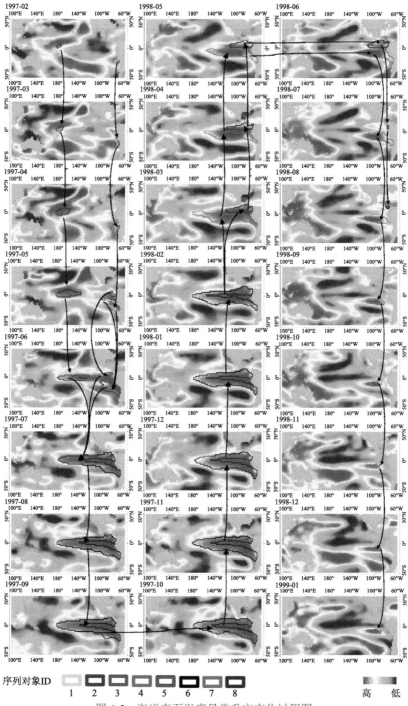

序列对象ID 1 2 3 4 5 6 7 8 　高 低

图 6-5　海洋表面温度异常升高变化过程图

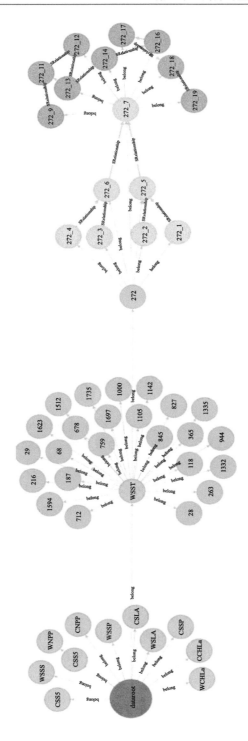

图 6-6　过程图数据库存储结构（展示部分过程对象）

6.2.3   海洋表面温度异常变化过程图数据库

海洋表面温度异常变化过程图数据库是基于 Neo4j 数据库(张帆等, 2017), 针对海洋环境要素异常变化动态对象建立的数据库系统。海洋表面温度异常变化过程图数据库结构在纵向上采用分层分级存储过程对象、序列对象、状态对象节点, 并建立逐级包含的索引(边); 横向上逐级建立序列对象间、状态对象间的索引(边)。数据库存储文件主要包含节点存储文件和边存储文件。节点存储文件存储过程对象、序列对象、状态对象和链接对象四类节点; 边存储文件存储节点之间索引及其附带的属性信息(Xue et al., 2019)。

图 6-6 以海洋表面温度异常升高/正相位的一个海洋表面温度异常变化过程存储结构为例, 展示了完整的数据存储结构关系, 其中红色节点为数据存储根节点 dataroot; 蓝色节点为过程对象数据集节点, 存储过程对象数据集(WSST 为海洋表面温度异常升高过程对象集); 绿色节点为选取的正相位海洋表面温度异常变化过程数据集中包含的过程对象(272 为过程对象 ID); 黄色节点为选取的过程对象所包含的所有序列对象(过程对象 272 包括 7 个演变序列对象, 272_1 至 272_7); 紫色节点为选中的序列节点包含的所有状态对象(序列对象 272_7 包含 9 个时刻状态对象); 在序列对象与序列对象间存在演变关系, 时刻状态对象与时刻状态对象间存在演变关系。

目前, 海洋表面温度异常变化过程图数据库共存储 676 个过程对象、1746 个序列对象和 5928 个状态对象(其中链接节点 921 个), 存储 4453 条发展关系、416 条合并关系、471 条分裂关系和 34 条分裂-合并关系。目前, 海洋表面温度异常变化过程图数据库不仅存储了海洋表面温度、盐度、海面高度异常、海面降雨、海洋表面叶绿素 a 浓度和海洋初级生产力等海洋环境要素, 而且对其他海洋环境要素也具有拓展能力。

6.3   海洋表面温度异常变化过程数据库功能

海洋时空过程图数据库原型系统用于验证海洋时空过程数据组织结构有效性、可行性和过程对象分析的应用前景, 因此原型系统的功能模块主要包括基于图数据库过程对象的组织管理功能、过程对象的查询功能和过程对象的可视化功能。

6.3.1　过程对象组织管理

1. 过程对象入库

基于数据观测尺度获取的海洋时空过程对象在底层的表现形式为时刻状态对象和时刻状态对象间的演变关系。海洋过程对象入库是把时刻状态对象和时刻状态对象间的演变关系，按照海洋过程—演变序列—时刻状态的层次结构存储到图数据库中。过程对象、序列对象和状态对象以 ArcGIS 矢量数据格式存储(shp 文件)，演变关系采用文本文件存储(CSV)，过程对象的入库技术流程如图 6-7 所示，主要包括过程对象导入、演变关系导入、节点类型标识。

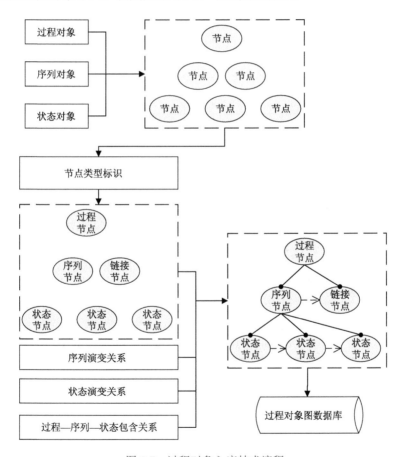

图 6-7　过程对象入库技术流程

过程对象包括过程对象、序列对象、状态对象。演变关系包括序列对象间的演变关系和状态对象间的演变关系，具体为发展关系、合并关系、分裂关系、分裂-合并关系。

节点类型包括过程对象节点、序列对象节点、状态对象节点、链接对象节点。

海洋过程对象的入库包含对象节点创建、节点标签设置和对象节点间关系边创建三个步骤。

1）对象节点创建

海洋过程对象数据集的数据为 shp 格式，要素类型为 Polygon，关系的数据格式为 CSV 格式。借助 Neo4j 数据库的 Neo4j Spatial 插件，将地理空间数据导入 Neo4j 数据库。Neo4j Spatial 将空间数据映射到图模型中，使得 Neo4j 具有空间数据的导入、存储以及查询等功能，该插件部署至 Neo4j 安装目录 Plugin 中。海洋过程对象导入过程图数据库创建节点的 Cypher 语句如表 6-8 所示。

表 6-8 对象节点创建 Cypher 语句

Cypher 语句	功能说明
call spatial.addLayer（"LayerName"，"wkb"，" "）	创建地理空间图层
call spatial.importShapefileToLayer（"LayerName"，"ShpfilePath"）	将 shp 文件中的地理要素导入创建的图层中，建立对象节点

2）节点标签设置

海洋过程对象导入过程图数据库并创建相应的节点后，其地理空间几何信息被映射为节点的一个属性字段，如 wkt 等。虽然不同层级的对象节点能够通过图层名进行区分，但不利于节点间关系的创建以及后期的查询检索，因此不同层级的对象节点设置不同的标签，类似于关系数据库中的表名，其 Cypher 语句如表 6-9 所示。

表 6-9 节点标签设置 Cypher 语句

match（n）-[:RTREE_ROOT]-（）-[:RTREE_CHILD*0..]->（）-[:RTREE_REFERENCE*]->（m）
where n.layer="LayerName"
set m: "LabelName"

标签命名遵循以下规则：

（1）名称中不能包含中文字符以及其他特殊符号。

（2）过程对象、序列对象、状态对象标签名分别以"Process""Sequence""State"

结尾。

(3) 名称与结尾字符串以下划线 "_" 分割，如 "SST_Sequence"。

3) 对象节点间关系边创建

对象节点间关系边创建分为纵向与横向。首先，纵向上为不同层级对象间的包含关系，过程对象、序列对象、状态对象三者间的包含关系通过过程对象 ID 和序列对象 ID 属性字段建立；其次，横向上为状态对象之间、序列对象之间的演化关系，分别通过状态对象 ID 和序列对象 ID 进行关联，此关联存储于关系文件中。对象节点间关系边创建 Cypher 语句如表 6-10 所示。

表 6-10　对象节点间关系边创建 Cypher 语句

Cypher 语句	功能说明
match（n:ProcessNodeLabel），(m:SequenceNodeLabel) 　　where n.PRID = m.PRID 　　create（n）-[r:Including]->(m)	创建过程对象节点与序列对象节点间的包含关系
match（n:SequenceNodeLabel），(m:StateNodeLabel) 　　where n.SQID = m.SQID 　　create（n）-[r:Including]->(m)	创建序列对象节点与状态对象节点间的包含关系
match（n:SequenceNodeLabel），(m:SequenceNodeLabel) where n.SQID = "Last_SQID" and m.SQID = "Next_SQID" 　　create（n）-[r:RelationshipType]->（m）	创建序列对象节点与序列对象节点间的演化关系
match（n:StateNodeLabel），(m:StateNodeLabel) where n.STID = "Last_STID" and m.STID = "Next_STID" 　　create（n）-[r:RelationshipType]->（m）	创建状态对象节点与状态对象节点间的演化关系

由于图数据库采用免索引存储技术，海洋时空过程图数据库没有建立过程对象节点与状态对象节点之间的包含关系，但两者通过序列对象节点实现连接。若在过程对象节点与状态对象节点之间建立包含关系，不仅会造成关系数据的冗余，也会造成一条查询语句的查询结果返回两次。

图 6-8~图 6-10 分别给出了创建对象节点、设置节点标签和创建节点关系的可视化界面。

2. 删除过程对象

删除海洋过程对象功能主要负责删除海洋时空过程图数据库中的过程对象，不仅包括隶属于过程对象的序列对象和状态对象，还包括时刻状态对象的演变关系。删除过程对象的技术流程如图 6-11 所示，过程对象删除的 Cypher 语句如表 6-11 所示。

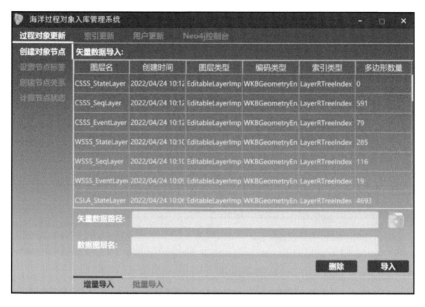

图 6-8　创建对象节点

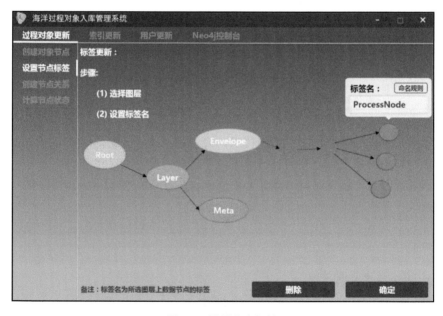

图 6-9　设置节点标签

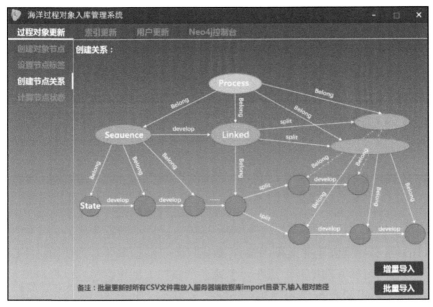

图 6-10　创建节点关系

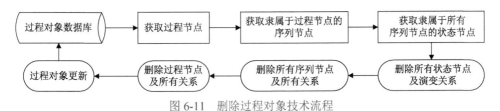

图 6-11　删除过程对象技术流程

表 6-11　过程对象删除 Cypher 语句

Cypher 语句	功能说明
match（n:ProcessLabel）	
where n.PRID = "value"	获取过程节点
return n	
match（n: ProcessLabel）-[r:Relation]->（m:SequenceLabel）	
where n.PRID = "value"	获取隶属于过程节点的序列节点
return m	
match（n: ProcessLabel）-[]->（）-[r:Relation]->（m:StateLabel）	
where n.PRID = "value"	获取隶属于所有序列节点的状态节点
return m	
match（n: *StateLabel*）-[r]-（）	
where n.PRID = "value"	删除所有状态节点及关系
delete n, r	

续表

Cypher 语句	功能说明
match（n: SequenceLabel）- [r]- () where n.PRID = "value" delete n, r	删除所有序列节点及关系
match（n: *ProcessLabel*）- [r]- () where n.PRID = "value" delete n, r	删除所有过程节点及关系

3. 过程对象索引

基于 Neo4j 的 RTree 空间索引、海洋时空过程图数据库原型系统建立其数据库空间索引技术。RTree 索引是通过可扩展的方式，在数据生成的过程中添加索引。RTree 索引一旦创建并上线，Neo4j 数据库将自动拾取并开始使用，且 Cypher 允许为具有给定标签的所有节点在一个或多个属性上创建索引，过程对象索引创建的 Cypher 语句如表 6-12 所示。

表 6-12　过程对象索引创建的 Cypher 语句

Cypher 语句	功能说明
create index on : ProcessLabel（PRID）	为标签为"ProcessLabel"节点的"PRID"属性字段建立索引
drop index on : ProcessLabel（PRID）	删除标签为"ProcessLabel"节点上"PRID"属性字段的索引

6.3.2　过程对象查询

过程对象查询实现从海洋时空过程图数据库中，根据过程对象的空间、时间、属性或综合信息查找符合特定条件的过程对象，并返回过程对象节点。过程对象查询的技术流程如图 6-12 所示。

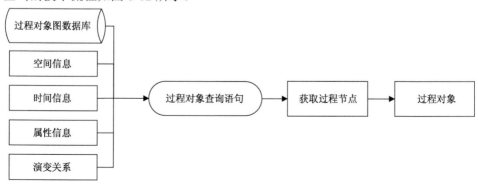

图 6-12　过程对象查询技术流程

1. 属性查询

基于属性的过程对象查询是指根据海洋过程对象的属性信息，如过程名称、过程 ID、持续时间、属性强度等，构建查询语句查询满足条件的过程对象。根据属性查询海洋时空过程，关键是构建时空过程查询语句。图数据库原型系统设计了一个查询构建器，根据选择的过程对象属性，基于 Cypher 构建过程对象查询语句，主要包括设计功能验证查询语句正确性、清除查询语句、保存查询语句文本、从外部加载查询语句文本进行查询等，如图 6-13 所示。表 6-13 给出了基于 Cypher 语句的属性查询案例，查询结果如图 6-14 所示。

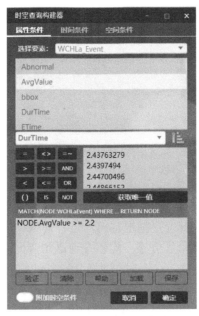

图 6-13　过程对象查询构建器

表 6-13　基于 Cypher 语句的属性查询

Cypher 语句	功能说明
NODE.DurTime >= 7 AND NODE.DurTime <= 20	查询持续时间位于 7~20 个月的过程对象
(NODE.MinLat >= -50 AND NODE.MaxLat <= 50) OR (NODE.MinLon >= 100 AND NODE.MaxLon <= 300)	查询空间范围位于南北纬 50°之间或太平洋海域的过程对象
NOT NODE.Abnormal = "Positive"	查询异常类型为非 Positive 的过程对象
NODE.Abnormal <> "Positive"	
NODE.Abnormal =~ ".*Posi.*"	查询异常类型字段中带有 "Posi" 的过程对象
NODE.PRID IS NOT NULL	查询 PRID 不为空的过程对
(NODE) -- ( )	查询孤立节点

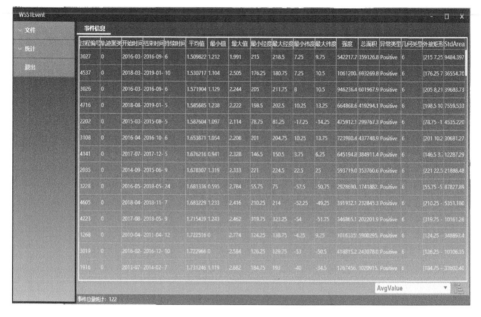

图 6-14　属性查询结果

2. 时间查询

基于时间的过程对象查询是指根据海洋过程对象的时态信息，如发生的绝对时间、发生的年份、季节和月份等，构建查询语句查询满足条件的过程对象。在时间条件下，可以通过年/季/月/日/时刻/时间段等尺度进行查询。图数据库原型系统设计了两种时间条件查询界面：根据起始时间和结束时间来查询其间发生的海洋时空过程[图 6-15(a)]和根据季尺度、月尺度、日尺度等来查询发生时间包括某一季度[图 6-15(b)]、月、日的海洋时空过程，按季尺度的查询结果如图 6-16 所示。

3. 空间查询

基于空间的过程对象查询是指根据海洋过程对象的空间位置，构建查询语句查询满足条件的过程对象。空间查询语句支持空间拓扑关系查询，空间拓扑关系包括空间相交(intersects)、空间包含(contains)、空间内部(within)、空间覆盖(covers)、空间不相交(disjoint)等。图数据库原型系统设计了空间条件查询界面，在空间条件下，可以通过规则矩形(图 6-17)和多边形(图 6-18)以及自定义多边形(图 6-19)等进行查询，按自定义多边形查询结果如图 6-20 所示。

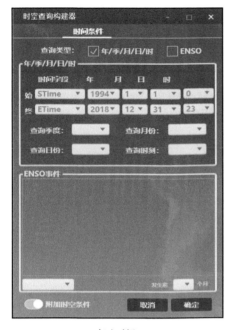

(a) 起止时间

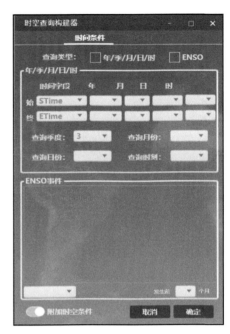

(b) 季度

图 6-15　根据起止时间查询过程对象

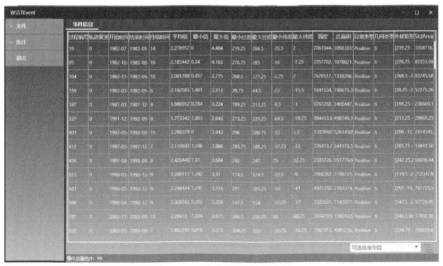

图 6-16　按季尺度查询结果

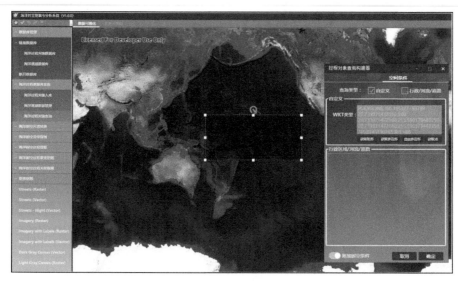

图 6-17　按规则矩形查询过程对象

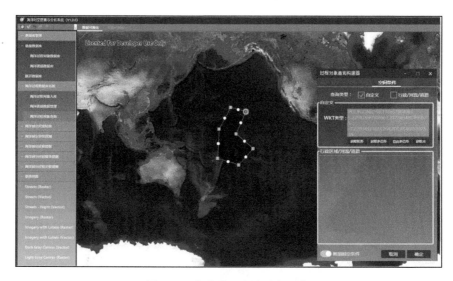

图 6-18　按多边形查询过程对象

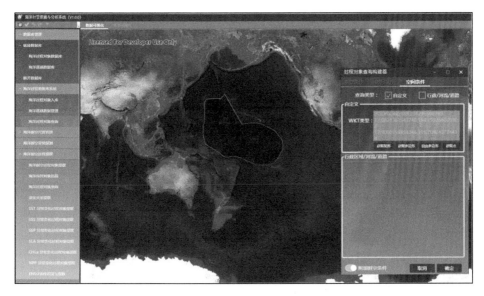

图 6-19   按自定义多边形查询过程对象

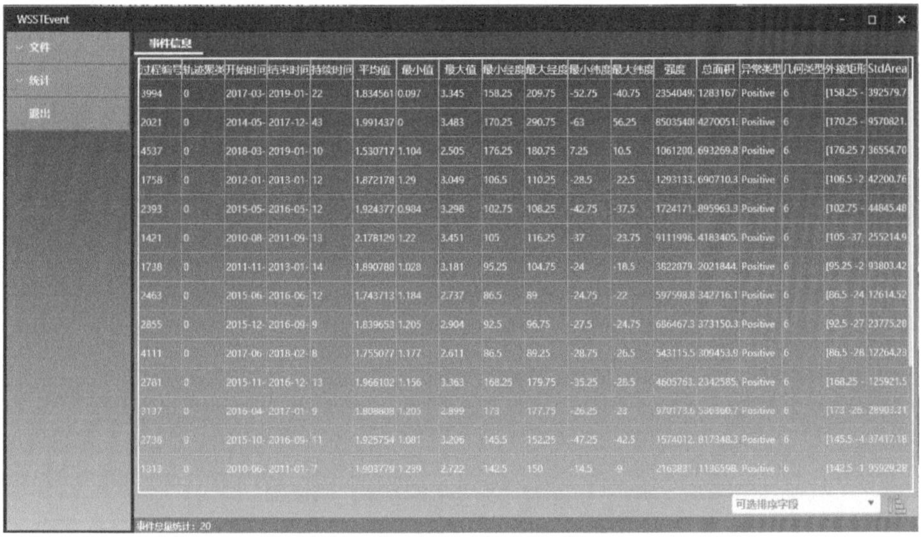

图 6-20   按自定义多边形查询结果

4. 演变关系查询

基于演变关系的过程对象查询是指根据海洋时刻状态对象或序列对象演变关系(发展、合并、分裂、分裂-合并等),构建查询语句查询满足条件的过程对象。

例如,查询只具有一次合并关系的过程对象、只具有一次分裂关系的过程对象等。基于演变关系的查询,其本质是基于过程对象属性的查询,其查询语句与基于 Cypher 的属性查询语句一致。

5. 综合查询

过程对象综合查询是指根据海洋过程的对象空间、时间、属性、行为等构建不同组合的查询语句,如空间+属性、时间+属性、空间+时间+属性等,查询满足条件的过程对象。例如,查询 1950~2019 年厄尔尼诺事件发生期间在太平洋发生的海洋表面温度异常升高的过程对象(时间:1950~2019 年厄尔尼诺事件发生期间;空间:太平洋;属性:海洋表面温度异常升高)。过程对象综合查询语句构建器如图 6-21 所示,基于 Cypher 的综合查询语句如表 6-14 所示,综合过程对象查询结果如图 6-22 所示。

(a) 属性条件

(b) 时间条件

(c) 空间条件

图 6-21 过程对象综合查询语句构建器

表 6-14 基于 Cypher 的综合查询语句

WITH "WKT" as polygon CALL spatial.intersects (PacificOcean, polygon) YIELD node as NODE MATCH
(NODE:LabelName)

WHERE NODE.Property == "positive"

WHERE NODE.EventType == "El Nino" AND datetime (replace (NODE.STime,' ','T')) >=
datetime (replace ('1950-1-1 0:00:00',' ','T')) AND datetime (replace (NODE.STime,' ','T')) <=
datetime (replace ('2019-12-31 0:00:00',' ','T'))

RETURN NODE

过程编号	轨迹聚类	开始时间	结束时间	持续时间	平均值	最小值	最大值	最小经度	最大经度	最小纬度	最大纬度	强度	总面积	异常类型	几何类型	外接矩形	Name	StdArea
2023	0	2013-11	2017-10	47	2.59994;	1.709	4.813	157.063	281.716(	-37.6444	61.0805'	1442560	5548433	Positive	6		[157.063	SSTA	1113591
1701	0	2010-07	2013-01	30	2.43003;	1.797	4.178	86.2611	121.163{	-52.6027	-11.7166	1637000	6722946	Positive	6		[86.2611	SSTA	980899.;
2226	0	2015-01	2017-05	28	2.59453{	1.6	4.894	39.3916(	170.027;	-47.616(	19.1972;	7116420	2742846	Positive	6		[39.3916	SSTA	7254333
2165	0	2014-08	2016-11	27	2.43021!	1.663	4.401	267.755!	318.613(	17.2027;	45.125	1862508	7663963	Positive	6		[267.755	SSTA	1220675
772	0	1997-02	1999-01	23	2.91716;	1.722	5.066	187.977;	289.694(	-28.6694	14.2111	7452972	2554866	Positive	6		[187.977	SSTA	8794314
2713	0	2017-04	2019-03	23	2.33901;	1.557	4.388	123.158(	183.988{	-4.73611	24.1833;	1424914	6091948	Positive	6		[123.158	SSTA	1551111
2445	0	2015-12	2017-10	22	2.67087;	1.74	5.91	168.033(	232.852;	49.1138(	63.075	6123200	2292583	Positive	6		[168.033	SSTA	1017498
369	0	1982-08	1984-03	19	2.66912;	1.7	4.242	203.933;	289.694(	-25.6777	14.2111	5274258	1976026	Positive	6		[203.933	SSTA	7394637
1517	0	2009-09	2011-04	19	2.53102(	1.734	3.968	271.744{	356.508(	-27.6722	37.1472;	4873520	1925515	Positive	6		[271.744	SSTA	6751010
2363	0	2015-07	2016-12	17	2.43691(	1.793	4.155	140.111;	192.963(	-47.616(	-17.7	7955810	3264711	Positive	6		[140.111	SSTA	1549939
873	0	1998-01	1999-05	16	2.60383(	1.741	4.244	106.205!	138.116(	-7.72777	30.1666	9859968	3786717	Positive	6		[106.205	SSTA	2234804
1600	0	2010-02	2011-06	16	2.45844<	1.707	3.714	90.25	149.086;	-8.725	16.2055!	1415763	5758777	Positive	6		[90.25	SSTA	2063177
3097	0	2018-09	2020-01	16	2.49117<	1.664	4.781	156.066(	228.863(	-15.7055	63.075	3453839	1386430	Positive	6		[156.066	SSTA	8250062
782	0	1997-07	1998-07	14	2.53038(	1.876	4.279	39.3916(	102.216(	-7.7	16.2055!	1325663	5222366	Positive	6		[39.3916	SSTA	2837446

图 6-22　综合过程对象查询结果

6.3.3　过程对象可视化

过程对象可视化是借助轨迹或虚拟现实技术来表达海洋实体或现象的动态变化或演变过程。过程对象可视化内容包括过程对象、序列对象、时刻状态对象及时刻状态对象的演变关系。可视化模式包括二维多窗口、动态演进、表格和图结构。过程对象可视化技术流程如图 6-23 所示。

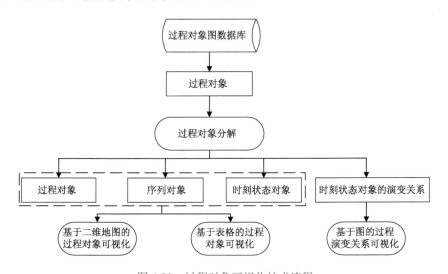

图 6-23　过程对象可视化技术流程

1. 基于二维地图的过程对象可视化

海洋时空过程图数据库原型系统采用组件模式研制了基于二维地图的过程对象可视化控件。二维地图可视化控件能够实现过程对象在某个时刻状态对象的空间范围和相关属性信息的可视化；时间控件能够控制可视化某时刻的过程对象。两个控件的组合共同实现过程对象的时空可视化。由于时刻状态对象间的演变关系隐式地记录在时刻状态对象间，该可视化模式难以直接表达过程对象的演变关系。2015 年 2 月~2016 年 4 月太平洋海域表面温度异常升高过程的时空演变(部分)如图 6-24 所示。

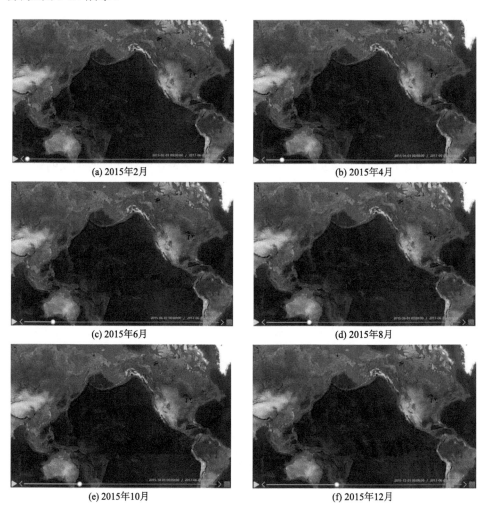

(a) 2015年2月　　　　　　　　　　　　(b) 2015年4月

(c) 2015年6月　　　　　　　　　　　　(d) 2015年8月

(e) 2015年10月　　　　　　　　　　　(f) 2015年12月

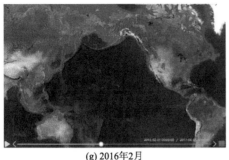 

(g) 2016年2月　　　　　　　　　　　　　　　　(h) 2016年4月

图 6-24　基于二维地图的过程对象可视化

2. 基于表格的过程对象可视化

海洋时空过程图数据库原型系统基于过程—序列—状态的分级结构，采用过程对象表、序列对象表和状态对象表可视化过程对象信息，设计了基于表格的过程对象可视化组件。过程对象表、序列对象表和状态对象表基于过程 ID 和序列 ID 进行关联，因此该可视化模式实现了过程对象及演变关系的可视化。由于表格控件无法实现过程对象的空间可视化，因此组合表格和二维地图可视化控件，实现过程对象的空间可视化，如图 6-25（a）所示。

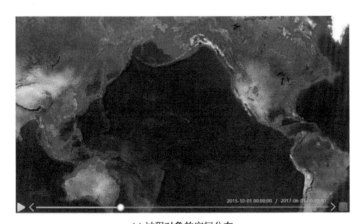

(a) 过程对象的空间分布

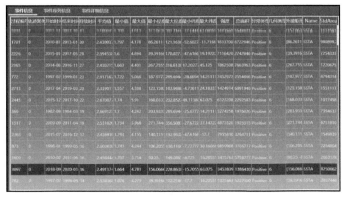

(b) 过程对象

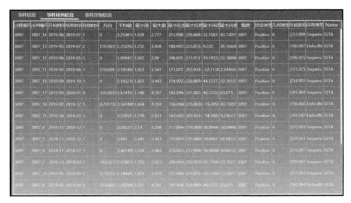

(c) 序列对象

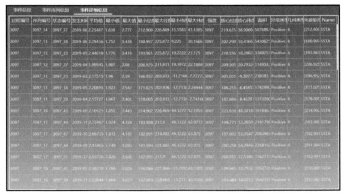

(d) 状态对象

图 6-25　基于表格的过程对象空间可视化

3. 基于图的过程演变关系可视化

过程对象演变关系是对海洋时空动态的直接表达。海洋时空过程图数据库原型系统采用节点-边的思想，构建了过程对象演变关系可视化控件。节点表达时刻状态对象，边表达时刻状态对象间的演变关系(发展、分裂、合并、分裂-合并)。演变关系可视化的技术实施包括：①构建 Cypher 查询语句，获取过程对象内所有状态对象之间的演变关系，查询语句如表 6-15 所示；②获取演变关系连接的时刻状态对象，把时刻状态对象和演变关系类型转换为 JSON 格式(JavaScript object notation)；③借助超文本标记语言(hyper text markup language，HTML)网页设计技术和过程对象技术，读取 JSON 文件中的节点与演变关系并进行可视化。2018年 9 月~2019 年 12 月太平洋海域表面温度异常升高过程(过程对象 ID：3097)的时空演变关系可视化结果如图 6-26 所示。

表 6-15　状态对象及演变关系 Cypher 查询语句

MATCH (NODE: *ProcessLabel* { PRID: *Value*}) -[:Belong]-> () -[:Belong]->(StateNode1) -[R]->(StateNode2)
RETURN StateNode1.STID, R.StateAction, StateNode2.STID

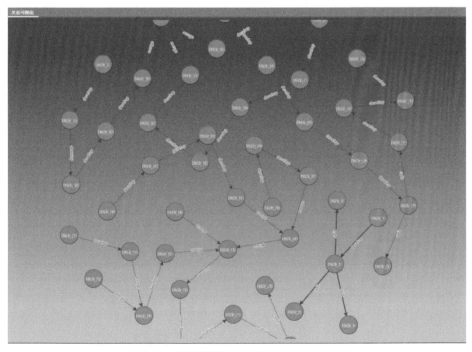

图 6-26　基于图的过程对象演变关系可视化

6.3.4 过程对象分析

从对象分析的角度，海洋时空过程对象、序列对象和状态对象具有类似的分析过程。利用对象分析算子(空间、时间和属性)，可以获取过程对象、序列对象和状态对象的空间信息、时间信息和属性信息；根据属性演变分析算子，可以对时刻状态对象进行插值，从而获取粒度更细的状态对象(薛存金和董庆，2012)。图 6-5 展示了 1997 年 2 月~1999 年 1 月一个典型的海洋表面温度异常变化过程，该过程包括 8 个演变序列对象和 38 个时刻状态对象。针对该过程对象，利用过程对象基本分析算子 GetProcessID(CProcessObject)、时间分析算子 GetDurationTime(POID)和空间分析算子 GetSpaceCoverage(POID)分别获取过程对象(过程对象 ID：654)及其时间信息(图 6-27)、其中一个序列对象(序列对象 ID：654-5)及其时间信息(图 6-28)和两个状态对象(状态对象 ID：654-24 和 654-25)，如图 6-29所示。利用属性演变分析算子 STInterpolateA(int,CTime, POID)对状态对象(状态对象 ID：654-24 和 654-25)进行时空插值，得到新的状态对象，如图 6-30(c)所示。

图 6-27　过程对象(ID=654)的空间覆盖(持续时间为 1997 年 2 月~1999 年 1 月)

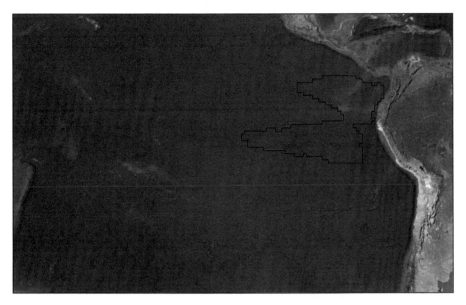

图 6-28　序列对象(ID=654-5)的空间覆盖(持续时间为 1998 年 6 月~1998 年 11 月)

(a) 状态对象(ID=654-24)的空间覆盖
（获取时间为1998年8月）

(b) 状态对象(ID=654-25)的空间覆盖
（获取时间为1998年9月）

图 6-29　状态对象(对象 ID：654-24 和 654-25)的空间分布

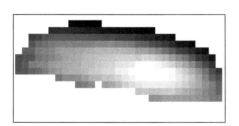

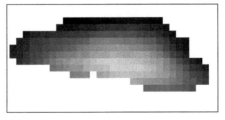

(a) 状态对象(ID=654-24)的空间范围及
属性信息（获取时间为1998年8月）

(b) 状态对象(ID=654-25)的空间范围及
属性信息（获取时间为1998年9月）

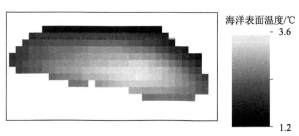

(c) 基于属性演变分析算子的海洋表面温度异常对象及属性信息

图 6-30　基于属性演变算子的海洋表面温度异常空间分布

6.4　本　章　小　结

本章基于 Neo4j 图数据库和海洋表面温度异常变化过程对象集，构建了海洋表面温度时空过程图数据库原型系统。该原型系统按照"海洋过程—演变序列—时空状态"的思想实现了海洋过程对象入库、索引构建和管理，用于验证图数据库在海洋时空动态方面的存储能力。海洋时空过程查询检索功能，基于二维地图、表格+二维地图、图数据库等多种过程可视化方式和基于分析算子的过程对象分析，为开展海洋时空动态挖掘分析奠定了基础。

主要参考文献

苏奋振, 周成虎. 2006. 过程地理信息系统框架基础与原型构建. 地理研究, 25(3): 477-484.

薛存金, 董庆. 2012. 海洋时空过程数据模型及其原型系统构建研究. 海洋通报, 31(6): 667-674.

张帜, 庞国明, 胡佳辉, 等. 2017. Neo4j 权威指南(图数据库—大数据时代的新利器). 北京: 清华大学出版社.

Karssenberg D, Schmitz O, Salamon P, et al. 2010. A software framework for construction of process-based stochastic spatio-temporal models and data assimilation. Environmental Modelling & Software, 25(4): 489-502.

Li L, Xu Y, Xue C, He Y. 2021. A process-oriented approach to identify evolutions of sea surface temperature anomalies with a time-series of a raster dataset. ISPRS International Journal of Geo-Information, 10: 500.

Li L, Xue C, Xu Y, et al. 2022. PoSDMS: A mining system for oceanic dynamics with time series of raster-formatted datasets. Remote Sensing, 14: 2991.

Reynolds R W, Rayner N A, Smith T M, et al. 2002. An improved in situ and satellite SST analysis for climate. Journal of Climate, 15(13): 1609-1625.

Wolter K, Timlin M S. 2011. El Nino/Southern Oscillation behavior since 1871 as diagnosed in an extended multivariate ENSO index (MEI.ext). International Journal of Climatology, 31: 1074-1087.

Xue C, Dong Q, Li X, et al. 2015a. A remote-sensing-driven system for mining marine spatiotemporal association patterns. Remote Sensing, 7: 9149-9165.

Xue C, Song W, Qin L, et al. 2015b. A spatiotemporal mining framework for abnormal association patterns in marine environments with a time series of remote sensing images. International Journal of Applied Earth Observations and Geoinformation, 38:105-114.

Xue C, Wu C, Liu J, et al. 2019. A novel process-oriented graph storage for dynamic geographic phenomena. ISPRS International Journal of Geo-Information, 8(2): 100.

Xue C, Xu Y, He Y. 2022. A global process-oriented sea surface temperature anomaly dataset retrieved from remote sensing products. Big Earth Data, 6(2): 179-195.